日本經營之聖

全球五百大企業京瓷、KDDI創辦人

稻盛和夫經營術

阿米巴經營的實踐之道

アメーバ経営

稻盛和夫＝著

江裕真＝譯

阿米巴經營

阿米巴，亦稱為「變形蟲」，所謂的阿米巴經營（Ameba Keiei），指的就是變形蟲式的經營管理方法，也可稱為變形蟲經營。但在本書中，順應京瓷公司統一中文使用名稱的要求，一律稱之為「阿米巴經營」。

稻盛和夫經營術　目次

我投注心血於企業的經營四十七年了。
學習人類的姿態、領導者的姿態、經營的姿態後，
我得以創造出阿米巴經營。

前言　阿米巴經營

日本經濟漸漸跳脫長期的不景氣，總算慢慢顯現出光明的預兆了。即便如此，經濟的全球化仍無停止之日，企業間在全球的競爭，仍不斷白熱化。

在如此嚴苛的經營環境中，不獨日本，全球也頻繁發生負面事件。為此，大家開始提倡企業遵守法規的重要性，美國政府也制定了「沙賓法案」（Sarbanes-Oxley Act），要求企業加強內部控制。這些行動，試圖藉由設置嚴格的規範與制度，抑制企業發生不法的行為。

然而我的看法是，在制定規範與制度前，經營企業的領導者，應該要先有「身為人做什麼才正確」的哲學與倫理觀才行。如果缺乏正確的哲學與倫理觀，即使外部有再好的規範與制度，都無法發揮作用。

再者，要進行光明正大的經營，還必須有一套能和穩固的經營哲學相契合的經營管理制度。只要能建立這樣的制度，就能防患未然；即使發生不法之事，也能在最低限度予以遏止。為使企業能夠健全地發展，確立一套人人都認定正確的「經營哲學」，以及以之為基礎建立起來的「經營管理制度」，皆不可或缺。

一九五九年，在各方援助者的善意下，我成立了京瓷。一九八四年，我又得以創辦了ＫＤＤＩ的前身第二電電。兩家公司目前都享有高收益，也都持續發展中，但背後予以支持的，是一套有「阿米巴經營」之稱、以穩固的經營哲學和精緻的部門別盈虧管理為基礎的經營方法。

打從創辦京瓷開始，我就覺得，要讓企業能有長期的發展，就必須確立正確的「經營哲學」、與全體員工共享；此外，也需要一套能正確而即時掌握組織實際經營狀況到末端為止的「管理會計制度」。因此，我一方面致力於技術開發與產品開發，以及營業活動等等，另一方面也投注心血於確立這樣的哲學與制度。

在京瓷急速發展、擴大規模的過程中，我打從心底希望能有與我苦樂與共、一起分擔經營重任的共同經營者。於是，我把公司組織劃分為有「阿米巴」之稱的小團體，在公司內挑選領導者委以經營之責，培育出許多有經營者意識的領導者，也就是我的共同經營者。

在阿米巴經營中，會以各阿米巴的領導者為中心制定計畫，在全體成員的智慧與努力下逐漸達成目標。這可以讓第一線員工成為主角，實現讓每個人自主參與經營的「全員參與管理」。

此外，也為各阿米巴打造了能正確掌握經營狀況、獨創而精緻的部門別盈虧管理機制。與此同時，我們也讓經營透明化，任何人都能得知部門別的實際經營狀況。也由於阿米巴經營必須與經營哲學融為一體，我們也把規則與機制明確地一一連結到京瓷的企業哲學上。

隨著京瓷的多角化與全球化發展，阿米巴經營也進化為一套依部門別管理多種事業領域、更形精緻的管理會計制度。ＫＤＤＩ也建立了以阿米巴經營為基礎的部門別管理會計制度，因此雖然事業急速擴大，所有部門的實際經營狀況還是能夠一目了然。這使得我們能夠正確而迅速地做出經營決策，成為我們在變化劇烈的通訊業界裡大有斬獲的原動力。

不唯京瓷與ＫＤＤＩ，已經有逾三百家企業一面接受京瓷關係企業的諮詢，一面導入阿米巴經營，而讓業績呈現飛躍性的成長。我深信，只要能正確理解阿米巴經營、由企業領導者帶頭認真而誠摯地予以實踐，一定能夠大幅強化企業的體質。

身為經營者，這本書可說是集我經驗之大成；經營企業的領導者自不在話下，我希望有志於帶領新創企業與非營利組織等新型態組織的領導者，或是會計方面的專家們，也都能一讀，協助活化自己所屬的組織。

此外，我也希望能有許多企業團體採納阿米巴經營，進而成長與發展得更好，以及在其中工作的人，都能夠在物質與心靈雙方面變得更幸福。我衷心期盼，這可以讓日本經濟在嚴峻的全球競爭社會中，找回昔日光輝，而真正變得強健起來。

另外，本書也是一九九八年承蒙日本經濟新聞社出版《經營的實學——會計與經營》以來的第二彈，裡頭詳細講述了構成我經營主幹的實踐性經營管理方法。我深信，只要能實行在「實學」一書中提及的會計原則，以及在本書中說明的、「阿米巴經營」下的部門別管理會計，企業經營將會變得堅若磐石。

二〇〇六年九月　寫於秋老虎依然威猛的京都

稻盛和夫

第一章

每位員工都是主角

1 阿米巴經營的誕生

與七名夥伴創辦京都陶瓷

一開始，我先概述京瓷的創辦歷史與經營理念，以便大家更好地理解阿米巴經營。

自鹿兒島大學工學系畢業後，因緣際會下，我進入京都一家絕緣體製造商「松風工業」工作。我在該公司研究當時尚屬新領域的「新陶瓷」，並成功實現了商業化。但我和成為我新主管的研究部長之間，在新產品的開發上意見對立；當我知道自己身為技術工作者的夢想無法實現時，當下就決定離開這家公司。

我幸運地獲得了許多人的支持，與和我一起離開松風工業的七名夥伴，創辦了京都陶瓷（現京瓷）公司。創業資金並非出自於我，而是在願意協助我的技術問世的諸多人士提供資金與援下，公司才得以設立。

如果我家裡擁有充裕的資產，可以讓我當作創辦公司的資本使用的話，公司的樣貌應該會有所不同吧。但我沒有錢、沒有經驗，也沒有多厲害的技術與設備，有的只是足以信賴的夥伴，於是公司就在這種夥伴關係的基礎上創立。

初創時，在宮木電機擔任專務的西枝一江先生給了我多方的照顧。西枝先生說：「你的想法很扎實，也很有可取之處，因此我願意出資。公司今後要開始運作，在經營上如果受限於資金是不行的。就當成是你提供技術，股份你也得要拿。」一開始，公司就以技術出資的形式讓我擁有股份，使我走上所謂「所有者暨經營者」的道路。

由於公司是在這麼溫暖的心意下開始，與足以信賴的夥伴們在心與心之間形成的羈絆，就成了京瓷經營的基礎。

當時，對於經營我還是全然的門外漢，經常都在煩惱該如何把公司經營下去，但不久我開始覺得，成為京瓷創業基礎的「人的心」，對於經營的持續發展而言，應該是相當重要的因素。

人心雖然十分易變，但只要連結在一起，世界上就沒有什麼比它還堅固的了。翻開歷史，可以看到不勝枚舉的例子，說明人心是由何等偉大的東西所構成。我那時覺得，要率領一個集團前行，最後還是沒有什麼比仰賴人心還要來得穩固。

阿米巴經營也是以人心為基礎。就像人體的幾十兆個細胞在同一意志下全部調和在一起一樣，唯有公司裡的幾千個阿米巴（小團體組織）全部心手相連，公司才能團結在一起。

雖然有時會相互競爭，但阿米巴如果無法彼此尊重、彼此協助，將會無法發揮公司整體的力量。為此，上自公司高層，下至阿米巴的成員，都必須以「在信賴的羈絆下連結在一起」為前提。

確立經營理念

那是創業第二年、十名左右高中剛畢業的新進員工，在公司工作約莫一年左右時的事。就在我覺得，他們是不是稍微學會工作了的時候，他們突然來找我，要求改善待遇。他們帶著一封蓋了血印的書信，強硬地向我提出要求。

其中還包括這樣的要求：「公司應保證未來的最低加薪幅度與獎金。」在聘用他們時，我曾經對他們講過：「雖然還不知道能做到什麼程度，但我希望拚命把公司經營得有模有樣。你們是不是有心在這樣的公司工作？」可是，才工作一年而已，他們就說出「如果不保證我的將來，我就辭職」這樣的話。

我斬釘截鐵回答：「恕難照辦。」由於公司開始經營才兩年左右，當時我自己仍無自信。這樣的我，如果為了留住員工就回答，「我可以保證你們未來的待遇」，那就是在騙人了。對著這些年輕員工，我的回答是「未來，我會盡量做到比你們的要求還多的地步。」

雙方在公司沒有談出結果，甚至到我家談到深夜，但他們還是頑強地不妥協。我另外找了一天再次告訴他們：「我絲毫沒有『只要我這個經營者過得好就行』的想法。我希望能夠讓每個進到這家公司來的人，都真正覺得『來對了』。」但這些血氣方剛的年輕人抱持著「什麼資本家啦、經營者之類的，都只會講這種好聽話騙我們」的態度，並不接受。

那時，我的薪水雖然微薄，還是會把一部分寄回去給故鄉的父母。我是七個兄弟姐妹的次男，戰後全家過著貧困的生活。哥哥與妹妹們放棄了自己的升學，成全我上大學。對於這樣的家人，我都還無法充分照顧好他們，難道要我連因緣際會進公司來上班的員工，都非得保證他們的未來如何不可嗎？我深深覺得，這麼做對我來說實在太不划算了。

然而，我已經創辦公司了。我的恩人西枝先生為了支持我開公司，甚至連住家都拿去抵押了。事到如今，我不能收手不做。被逼到無路可退的我，決定和年輕員工們攤牌。

「你們有這個勇氣辭去工作，為什麼沒有勇氣相信我？我會拚命為了大家守護這間公司。如果我有任何為了私利私欲經營公司的事情發生，你們可以殺了我沒關係。」

雙方談了三天三夜，大家總算接受我的說法，在公司裡留了下來。但在這次的交涉後，我被迫必須重新思考企業的存在意義。即使像我這麼一家小公司，年輕員工們在進公司時，一樣是把一輩子都託付在這裡。

在凝重的心情下不斷思考幾星期後，我有了這樣的想法：

「我之所以創辦公司，是因為想實現自己身為技術工作者的夢想。但實際創業後，員工進公司卻是把自己的一輩子託付在這裡。因此，公司應該有比實現我的夢想還重要的目的存在。這目的就是，要守護員工及其家人的生活、要以他們的幸福為目標。我的命運，就是要站在最前面，力求員工的幸福。」

於是，我把京瓷的經營理念定為「要在追求全體員工物質與心靈雙方面幸福的同時，對人類與社會的進步發展有貢獻」。

這樣，京瓷的存在意義就明確了——要成為一家追求全體員工在物質與心靈雙方面的幸福、對世人有貢獻的公司。員工會覺得京瓷是「自己的公司」，也會拚命為公司工作，就好像他們自己就是經營者一樣。自那時起，我和員工間的關係，就不是經營者與勞動者的關係了，而變成為了相同目的不惜奉獻心力的夥伴；全體員工之間，也誕生出真正的夥伴意識。

阿米巴經營，是一種藉由獨立計算各小團體的盈虧，實現全員參與經營、不斷集結全體員工力量的經營管理制度。要實施阿米巴經營，需要的是，能夠讓全體員工毫無疑慮、全力投入工作的經營理念與經營哲學。

將變大的組織分割成小團體

創業後的京瓷，至今開發了各種原本不存在於市場中的精密陶瓷產品，並且不斷商品化。因此，公司的規模急速擴大，原本的二十八名員工，也在不到五年內增加到超過一百人，不久又增加到兩百人、三百人。

即便如此，當時的我從產品的開發到製造、業務為止，全都一個人到處奔波。我的身體已不堪負荷，工作也無法順利忙得過來。常有人說「中小企業和腫包一樣，一旦變大就會破掉」——中小企業規模變大後如果還按照原本籠統的方式記帳，會變得無法管理而垮掉。當時京瓷已經接近這種狀況了。

那時候的我，如果有管理學或組織理論等知識的話，或許會知道該如何控管規模變大的組織，以及該如何解決這樣的問題。但我原本就沒有這樣的知識，每天也都忙到三更半夜，沒有空閒學習新事物。

當時，我連有「管理顧問」這種職業的存在都不知道。如果我那時知道的話，或許勉強湊錢也要請對方指導我；但無人可以依靠的我，也只能獨自持續煩惱著，該如何把不斷成長的公司經營下去。

一直到某一天，我腦中閃過某種突如其來的想法。

「員工人數到一百人左右為止，還能夠由一個人管理，因此把公司分成小團體的組織如何呢？或許還沒有能夠管理一百人的領導者存在，但公司已漸漸培養出能夠委以二、三十人小團體的領導者了。把小團體的領導者交給這種人擔任、由他來管理，不就行了嗎？」

接著我又想到，「既然都要把公司分成小團體，能不能讓它們都獨立計算盈虧呢？把公司分割到足以構成事業的單位，再分別設置領導者，就好像小城鎮裡的工廠一樣獨立，分別計算盈虧，不就好了？」

若要以獨立核算制管理各組織，就少不了損益的計算，但專業財務報表對外行人來說太難懂了。因此，為使不懂會計知識的人也能看懂，我們想了一些方法，把損益表做成更容易懂的「單位時間利潤表」。

這個部分會在後文說明，它其實就是以損益表的方式，將「只要營收最大化、成本最小化，二者間差距的附加價值就會最大化」的經營原則呈現出來的東西。在損益表中，設置了相當於營收的項目，其下方則列示必要的成本項目（不包括勞務費），之後予以加總，便形成盈虧狀況一目了然的設計。

只要使用這張「單位時間利潤表」，小團體的領導者就很容易管理第一線的盈虧狀況了；領導者因而可以給予成員「要改善我們部門的盈虧狀況，就必須減少這項成本」之類的指示。此外，第一線成員由於很容易看懂這張利潤表，所有員工就變得能夠參與管理了。也就是說，除了可以培育領導者，也同時能夠在公司內讓關心管理、擁有經營者思維的員工人數變多。

那個時代，勞資對立還很激烈，也經常發生勞資爭議，有一股凡事只以「資本家相對勞動者」的對立結構來看待的風潮。因此，當時的常識是，經營者盡可能不告訴員工公司的實際狀況，以免讓員工抓到把柄。即便處於那樣的時代，京瓷仍然決定導入把經營狀況向員工透明揭示的「單位時間利潤表」，盡可能公開公司的狀況。

我察覺到，此舉使得員工的參與意識升高，也可以引導出他們的幹勁。於是我決定，要把這樣的阿米巴經營打造為京瓷在經營管理方面的基礎。在那之後，阿米巴經營就成為從經營管理的角度，推動京瓷急速成長的原動力了。

阿米巴經營的三大目的

阿米巴經營不同於那種在社會上大受讚揚的管理技巧。如果只是管理技巧，只要學會方法或操作順序就行了，但阿米巴經營如果只學到做法，也無法發揮功能。原因在於，阿米巴經營是一種立基於經營哲學、與企業營運相關的所有制度都有密切關係的一種全面經營管理體系。

阿米巴經營與管理上的所有領域都有密切關係，並不容易把它的全貌弄清楚。因此，在學習阿米巴經營時，重要的是徹底了解它的目標何在。

阿米巴經營是以什麼為目標的管理制度呢？以下希望透過解說阿米巴經營的目的，闡明其本質。

阿米巴經營大體可分為以下三個目的，下文將依序說明：

- 確立直接與市場連結的部門別盈虧制度。
- 培育有經營者意識的人才。
- 實現全員參與管理。

2 確立直接與市場連結的部門別盈虧制度

需要「現在的數字」

我大學畢業後最先就職的松風工業和其他公司一樣，有會計部、總務部、人事部等管理部門。因此，專業工作就交由這些部門處理，我只要專心於新產品的研發、製造、銷售就行了。在會計方面，事業部的收支計算會由會計部全權處理，我完全沒有參與。

後來我離開松風工業，在二十七歲創辦京瓷時，在經營上完全是個外行人；我找來前公司的主管、也是我創辦公司恩人的青山政次先生，來幫我處理所有與會計相關的工作。青山先生在我原本服務的公司擔任管理部主任，因此很精通成本計算。

公司創立大概經過幾個月左右的時候吧，在處理每天的會計單據外也負責計算成本的青山先生，帶著整理好結果的資料來找我。他詳盡地向我說明：

「稻盛君，這是三個月前出貨的產品的生產成本。」

當時，我一個人兼顧產品的所有領域，從開發到製造、業務，一整天到處跑，根本沒有時間好好去看幾個月之前的成本。我一面隨聲附和，一面敷衍地隨便聽著他的說明。

大概是我這麼做讓青山先生覺得我看輕成本計算了吧，他刻意多次帶著成本表來我這裡反覆說明。

由於他太常來找我了，我竟然告訴他：「青山先生，這種過去的數字根本派不上用場。產品賣掉至今已經幾個月，就算知道成本，也無濟於事。我現在為了這個月要賺錢，每天都在採取行動。就算你和我說幾個月前的成本是這樣，事到如今也已無可奈何。更何況電子零件市場競爭激烈，今天拿到的訂單，價格無時無刻都在下跌，品項不同的話，價格也會不同。在這種狀況下，就算知道過去的成本，也沒有意義。」

由於青山先生接下會計與總務等領域的工作，京瓷才得以順利成立；但對於希望我了解成本計算重要性、而多次前來說明的青山先生，我竟然講了那麼自以為是的話，事後我真的很後悔。

話說回來，我還是沒有改變這樣的想法：青山先生尾隨在後幫忙算出來的成本，顯示的不過是幾個月前公司經營得如何的結果而已。

精密陶瓷在當時還是全然新穎的素材，因此很少會有每個月都來的重覆訂單。那時的狀況是，才剛接下至今未有的新產品訂單、交貨之後，接下來接到的訂單，又是新產品。我們很少持續生產同一款產品，就算有客戶再次下單，由於競爭激烈，對方都會不斷要求降價。就像通貨緊縮那樣，市場價格持續下跌，降價變成理所當然之事。

在這種狀況下，就算晚了幾個月計算出成本，在算好的時候，產品多半已經不再生產，實際上幾乎派不上用場。

以一般工業產品而言，歷經多項製造流程後，產品完成了。其間會發生原物料費、人事費、外包加工費、電費、折舊費用等成本；把這些流程中花掉的費用加起來，就是產品的成本。相對的，銷售產品時的價格與成本無關，而是由市場決定；二者之間的差額即是賺到的利潤。然而，客戶向我們購買的市場價格絕不會固定。上個月成交的價格，未必保證這個月也能接到單；在降價尤其激烈的最近，可以說售價每天都在下跌。

在這樣的狀況下，多數製造業一般會有的那種「在經營過後才處理出來的」經營數字，並無助益。如果以幾個月前的成本為經營基礎，將會無法隨時因應變動的市場價格。

在瞬息萬變的市場中，必須在生產產品的過程中即時管理成本。對經營者而言，需要的是能夠了解公司目前處於何種經營狀況，以及能夠判斷該採取何種措施的「鮮活數字」。

依據「人應為的正道」行事

創辦公司時，身為經營者的我無論願意與否，都必須在各種情境下做出判斷。由於當時還是剛成立的新創事業，如果自己的判斷有誤，公司馬上就會垮掉。每天我都在煩惱，到底該依何種標準做判斷。

煩惱到最後，我察覺到，經營上必須依照社會上的常理，也就是依照「人應為的正道」做出判斷。如果違反人類社會一般抱持的倫理觀或道德觀，事業不可能長期順利發展。因此，我覺得應該以父母或祖父母在我們小時候一面罵一面教我們的那番話，「做人有可以做的事與不能做的事」，做為基本判斷標準。

也就是說，我決定以「人應為的正道」，做為公司經營的原理與原則，並且以之為基礎判斷所有事物。那是一種可以用公平、公正、正義、勇氣、誠實、忍耐、努力、親切、體貼、謙虛、博愛等字眼形容、全球通用的普世價值。

也由於我對經營一無所知，當時並不具備所謂的常識這種東西，因此必須從事物的本質來思考如何做出判斷。但這反而讓我得以找出經營上的重要原理與原則。

營收最大化、成本最小化

代表性的例子是像以下這樣的狀況。創業沒多久時，我請在各方面都承蒙照顧、宮木電機一位經驗豐富的會計專家幫忙看看京瓷的會計。我曾經向那位負責人詢問：「這個月我們的結算狀況如何？」他以很困難的會計用語說明給我聽，但對那方面知識生疏的我聽不太懂。我反覆又問了好多次之後，最後我說：「我懂了。直截了當地講，就是營收最大化、成本最小化就行了。這樣的話，利潤自然就會變多。」

可能是因為我當時對經營還是門外漢，反而能夠單純地看穿事物的本質吧。那時我察覺到，「營收最大化、成本最小化」是經營的原理與原則。在那之後，我就照著這個原則，一方面持續致力於讓營收最大化，另一方面也努力減少所有成本。結果，就如先前講的一樣，我們的事業急速擴大，獲利狀況也變得更好。

一提到這樣的原則，一定有人會說：「這種事不是想當然耳嗎？」可是，這原則已經超越了社會上的常識，可說是經營的精髓了。一般企業，無論製造業、流通業或服務業，都是根據「在這種產業中，獲利率大概是這樣」的隱性常識，做為經營的標準。製造商的話，幾個百分點的獲利率就算可以；流通業的話，只要有百分之一就行——他們就是根據這種業界的常識，只要實際成果滿足這標準，就會覺得「做得很好」。

然而，如果從「營收最大化、成本最小化」的原則來看，營收可以不斷再增加，成本也應該可以減少到最小。其結果是，利潤可以不斷提高。

而且，要想讓營收成長，靠的不是隨便降價，重要的是依照後文將說明的原則，「價格的決定也是一種經營」，找到顧客會樂於購買的最高價格。

在刪減成本時，也不要感到「已經到了極限」就放棄，必須相信人類的無限潛力、付出無限的努力。這麼做的話，利潤就可能一直增加。根據這樣的原理原則，全體員工不斷累積努力的話，長期下來企業就能實現高收益。

依照原理與原則的部門別盈虧制度之誕生

注意到這件事後，我就依照著該原則經營公司、努力帶領京瓷成為一家高收益企業。然而，不久隨著公司規模變大，我感受到一抹的不安。雖然身為經營者的我在「營收最大化、成本最小化」的原則下，得以經營整家公司，但組織變大後，光靠我一個人，要想把這樣的原則徹底落實到組織的末端，還是有其極限存在。

由於最重要的營收與成本，每天都發生在第一線，因此必須也讓在第一線工作的員工們理解與實踐該原則。

我們公司的員工中，製造部門占去了大半；當時即使他們有心刪減成本，但對於增加營收，依然既不關心也不覺得自己有責任。從「營收最大化、成本最小化」的原則看，除了在各流程中要讓成本最小化外，還必須要努力讓營收最大化才行。為此，各製造流程的領導者如果對於營收沒有實際感受，就不可能產生讓營收最大化的意願。

此外，即使說要讓成本最小化，但組織規模一大，記帳很容易就會變得籠統，變成不知道哪個地方發生了什麼成本，因此我也覺得需要一套能夠更精細看出盈虧狀況的管理方法。那時我想到的是，把全公司分割為小型營運單位，設計一套各單位間相互在公司內買賣的機制。

例如，精密陶瓷的製造流程可分為原料、成形、燒成、加工等階段。把各流程分割為一個營運單位，看成是「原料部門把原料賣給成形部門」的話，原料部門會發生「銷售」，而成形部門會發生「採購」。也就是說，若以「在製品在各流程間買賣」的角度來看待，各單位就變成一個有如中小企業般的獨立核算單位；這一方面可以讓各單位實際體驗到「營收最大化、成本最小化」的經營原則，一方面也可以讓它們自主經營。京瓷內部稱此為「社內買賣」，它是阿米巴經營的一大特徵。

還有，只要把公司分成小型營運單位的集合體，經營者就能一面看出各單位上呈的盈虧狀況，一面得知哪個單位賺錢、哪個單位賠錢；這可以更正確地掌握公司的實際狀況。這樣的話，經營高層也可以做出正確的經營判斷、更細膩地管理整家公司。在京瓷可以算是阿米巴經營制度之原形的「小團體部門別盈虧制度」，就是這樣展開的。

直接傳達市場動向、當下因應

為了在全公司實踐「營收最大化、成本最小化」的原則，我將組織細分成為各自獨立的一個個盈虧單位，稱之為「阿米巴」。各阿米巴設置一個領導者擔任負責人，委由他來經營。雖然仍需要主管的認可，但是舉凡經營計畫、實績管理、勞務管理、資材採買等等，各阿米巴的所有經營事務，全部委由阿米巴的領導者負責。

雖然阿米巴是小組織，一旦經營它，就必須計算收支，會需要最低限度的會計知識。然而，當時的京瓷，不可能所有的阿米巴領導者都具備這樣的知識。因此，需要的是就算缺乏特別知識，任何人依然都能看懂阿米巴盈虧狀況的設計，繼之構思出來的，就是「單位時間利潤表」（詳細內容會在第四章談及）。

單位時間利潤不但會計算各阿米巴的收入與成本，也會計算二者間的差額，即附加價值，把附加價值再除以總勞動時間，求得每小時的附加價值。而單位時間利潤就是像這樣可以簡單了解，每小時產生多少附加價值的設計。此外，把單位時間利潤表的預估數字拿來和實際數字比對，可以讓阿米巴的領導者即時掌握事前擬定好的預估營收、預估產量、預估成本等項目的進展，從而立刻採取必要的手段。

市場價格時時刻刻都在變化，如果無法有彈性地因應該變化、隨時先發制人，將無法確保附加價值與獲利目標。正因為如此，才要把複雜的製造流程分割為幾個小阿米巴單位，打造一個能夠在這些阿米巴彼此持續進行買賣的同時，能夠即時掌握各阿米巴實際數字的經營管理制度。

只要有這樣的經營管理制度，即便市場價格大幅下跌，售價的下跌也能馬上反映在阿米巴間的買賣價格上，各阿米巴可以馬上採取降低成本的措施。也就是說，不但市場的動態會直接傳達到公司內部的每個角落，全公司還能夠即時因應市場的變化。

此外，社內買賣在品質管理的層面也發揮很大的效果。既然是「買賣」，只要在品質上無法滿足買方阿米巴的需求，就不進行社內採購。因此，在各流程間未能滿足既定品質的在製品，就不會進入下一個流程。也就是說，每個社內買賣的階段會設置「品質檢查站」，品質須接受檢查。藉此，可以在各流程的阿米巴間好好確保品質。

市場經常變化，技術開發的世界也日新月異。要想敏感地針對這種圍繞著企業的環境適時反應、有彈性地因應，就不能讓組織固著化，而要因應事業的發展，自由分割組織或整合組織，或者讓組織繁殖。

京瓷的營運單位「阿米巴」這個名稱，來自於某個員工的形容：因為那種小團體組織就像會不斷自由自在地細胞分裂的「阿米巴變形蟲」一樣。身為盈虧單位的阿米巴，是個帶有明確的意志與目標、會希望自己不斷成長的自立組織。

企業的經營原則是營收最大化、成本最小化。為使全公司實踐這樣的原則，才把組織分成小單位，採行能夠即時因應市場動向的部門別盈虧管理。這是阿米巴經營的第一項目的。

3 培育有經營者意識的人才

希望擁有夥伴做為共同經營者

創業當時，我直接指揮開發、製造、業務、管理等所有部門。製造第一線一有問題，我會馬上跑過去下指示；為了接單，我會拜訪客戶；一有客訴，我會站在最前面因應。我非得像這樣一人分飾多角不可。極其忙碌的我，甚至認真想過，如果可以像孫悟空那樣，只要拔一根自己的汗毛吹口氣，就能有分身跑出來，那該多好。我心想，如果能創造出無數個自己，命令他們「你去客戶那裡拉業務」或是「你去解決製造問題」，會是何等省力之事。

問題還不光是忙碌而已。任何企業的經營者，都很孤獨。身為高層，必須做出最後的決斷、負起責任，因此孤獨總是常伴左右。以我而言，由於我之前並無經營企業的經驗，因此更是如此。我打從心底希望能有和我苦樂與共、以共同經營者之姿協助我分擔責任的夥伴。

在公司規模尚小時，即使再忙，經營者還是能夠一個人顧及全公司。但隨著公司規模變大，要靠一己之力顧及公司包括製造、業務、開發等所有部門，就會變得愈來愈困難。這樣的話，製造商一般會先把組織劃分成製造部門與業務部門吧，像是「你幫我負擔起業務部分的責任，製造就由我來負責」。

即便如此，如果規模更加擴大，也會變得無法光靠一個人管理業務部門、製造部門之類的一整個部門。這樣的話，業務部門可能會依照地域再把組織劃分為西日本業務與東日本業務。如果客戶再增加，西日本業務可能又會再劃分為關西地區、中國地區、四國地區、九州地區等等。製造部門也是，如果希望對盈虧狀況有更詳細的了解，製造部門的負責人也不可能一個人獨自管理。這樣的話，應該會考慮依照產品的品項別或流程別劃分組織吧。

在公司的規模擴大、經營者或各部門負責人變得無法管理公司全體時，只要把組織劃分為小型營運單位、獨立核算，領導者就能正確掌握自己單位的狀況。而且，接受小單位經營委任的領導者，也會因為組織人數不多，而變得容易掌握組織的營運，像是每天工作的進展，或是流程管理等等。即便不具備特別高等的管理能力或專業知識，一樣能夠確切地經營自己的部門。

不光這樣，雖然只是小單位，但在委任經營之下，領導者會產生「自己也是經營者之一」的意識。這樣的話，他們會產生身為經營者的責任感，因此會努力希望讓業績多少增加一點。也就是說，從原本「以員工的立場被動幫我做」的立場，變成了「以領導者的立場主動幫我做」。立場的這種變化，正是經營者意識萌芽的開始。

這麼一來，會從「只要工作一定時間，就能領取一定報酬」的立場，發生一百八十度轉變，成為「自己要賺錢支付成員報酬」的立場。因此，就算犧牲自己，也會希望做好經營。這樣的話，從這些領導者當中，能夠和自己共同負起責任的經營者，就會一個接一個誕生了。

由於展開了阿米巴經營，京瓷內部誕生許多具有共同經營者自覺的領導者。自阿米巴經營開始至今，京瓷的阿米巴領導者，在各阿米巴內部為公司實現了很出色的經營成果。

因應需求把組織分割為小單位，再以「中小企業聯合體」的型態，重新構成公司。藉由把這種小單位的經營交給阿米巴領導者，公司將可逐漸培育出具有經營者意識的人才。這是阿米巴經營的第二項目的。

4 實現全員參與管理

使勞資對立冰釋的「大家族主義」

第二次世界大戰後，日本成為民主主義國家，戰前不合法的共產黨也復活了。此外，由於對戰前社會的反動，戰後有一段時期，社會主義勢力一口氣擴大規模，使得勞資爭議頻繁發生。

尤其在京都，改革勢力格外強盛，在戰後幾十年期間，都是由共產黨派的府知事（譯按：京都府最高行政首長）主政，在當地形成一股風氣：工作者只主張自己的權利，不太會去理解經營者的煩惱與痛苦。而在經營者中，也有很多人還維持戰前以來的舊有思想，不少人都只把工作者當成工具而已。或許是因為京都沒有受到美軍的空襲，街道與民眾都維持戰前原本的樣子，京都的經營者才會也維持舊有的勞資概念吧。

這種敵對性的勞資關係，究竟是什麼時候開始出現的呢？我一面回顧人類的歷史，一面思考其背景，覺得或許會是像下文這樣的狀況。

在人類歷史的黎明期，大家從狩獵採集的游牧生活，轉變為倚靠農耕的定居生活。開始農耕後，人們為求生活安定，會為了防範自然災害等因素而儲備糧食。而部分糧食最後會有所剩餘，因此出現了一群長於商業、把剩餘的糧食運送到食物不足的地域去販賣的商人。

一開始，商人都是以個人或家族型態經營商業，但隨著生意規模變大，就開始雇用家族以外的勞動者。此時，首度形成經營者與勞動者之間的關係。

商業隨時代日漸興盛，生意愈做愈大的商人們，雇用了人數眾多的勞動者。於是，其中就有希望勞動者盡可能在廉價工資下為自己工作、藉以增加自己利潤的商人出現。這一類的經營者漸漸增加，不知不覺，經營者與勞動者的利害關係就變得彼此對立了。

其後，資本主義發達，製造業等各種產業出現，股份公司等近代企業組織也誕生了。據信其背景在於，公司組織規模變大後，變得比以前忙碌的經營者，就會希望任命能為自己分擔工作與責任的幹部為共同經營者，力求企業經營的分業化。

確實，在增加能為自己分擔經營者工作的幹部、求取經營的分業化後，企業的經營變得有效率。但幹部的人數充其量只有幾十人，包括他們在內的經營團隊與占絕大多數的工作者間的敵對關係並未消解，雙方的對立反而更形激烈。

勞動者只主張自己的權利，無意理解經營者的痛苦與煩惱。經營者也無意理解勞動者的立場，不打算守護他們的生活與權利。雙方都打著自我的招牌，缺乏體諒對方的心，因此勞資間的對立逐漸白熱化。

第二次世界大戰結束後，我在這種勞資間對立愈來愈劇烈的京都創辦了公司。或許是因為進公司的員工是在這樣的土地上長大的緣故，很多人都以為經營者與勞動者處於敵對關係，並不信任我們。

當時，京瓷是創業沒多久的小企業，全體員工必須團結一致、在競爭激烈的市場中存活下來。如果在這種時候因為勞資對立，而使力量在企業內部消耗殆盡，公司甚至會很難存活。我說什麼都必須把京瓷打造成沒有內部對立、勞資可以成為一體、共同合作的公司。

我曾經煩惱過該如何解決這問題。結果我的結論是，「只要經營者尊重勞動者的立場與權利，勞動者也和經營者一樣，有心為了公司整體貢獻一己之力，勞資的對立應該就能自行消失」。

公司有各種形態，像是個人經營（獨資）、有限公司、股份公司等等。其中，如果有一種叫做「全體員工都是經營者」的公司型態，一方面根本不可能有什麼勞資對立，再者，全體員工一定也會變成為了公司的發展而團結在一起的最強團隊。

當時我所知道的是，美國有一種像會計師或律師事務所那樣、叫做「合夥」的經營型態，身為共同經營者的合夥人在連帶責任下共同經營。我雖然想過，京瓷的員工如果都是合夥人就好了，但遺憾的是，日本的法律制度中，看不到這樣的經營型態。

即便如此，我還是認為，最理想的狀態是，全體員工能為了勞資共通的目的而彼此相互合作。因此，我轉而從日本傳統的「家族」中追尋那種模式。這裡所指的家族，就是由祖父母、父母、子女等家族成員所組成的傳統家族，每個人都為了自己的家族而拚命努力。父母會為子女著想、子女也會為父母著想。每個人都會對家族的顯著成長，以及家庭的日漸發展感到喜悅，形成命運共同體。那是一種大家彼此都會關愛對方、都會為了對方竭盡所能、為愛所包圍的家族關係。這就是我所屬意的「大家族主義」。

如果公司成為一個像大家族一樣的命運共同體，經營者與員工像家人一樣互相理解、彼此勉勵、相互合作，應該能夠在勞資雙方成為一體之下經營公司。再者，就算處於嚴苛的市場競爭中，由於雙方都能為公司的發展而努力，經營應該也能夠自然而然漸漸順利。我稱這種想法為「大家族主義」，視之為一種構成企業經營基礎的想法。

就這樣，我決定要在當時勞資對立理所當然的日本社會中，打造一個經營者與員工能夠建立起有如家族般的人際關係、讓更多員工共同攜手參與經營的公司。

共享經營理念與資訊，提高員工的經營者意識

不過，再怎麼試著標榜大家族主義，還是很難光靠它就消弭經營者與勞動者的對立、打造出勞資通力合作的企業文化。要讓全體員工超越勞資的立場團結一致，首先少不了一套全體員工都能夠認同的經營目的與經營理念。

一般企業主多半是從父母那裡繼承家業，或是因為自己想要賺錢才成立公司的。京瓷如果是那樣的公司，想必會更難改造為勞資團結一致的公司吧。但由於我們一開始就是由彼此互信的夥伴集合成立的公司，因此身為經營者的我，絲毫沒有任何「把自己荷包賺飽」的想法。

而且由於前文提到過的緣由，我把公司的經營理念定為「要在追求全體員工物質與心靈雙方面幸福的同時，對人類與社會的進步發展有貢獻」。由於公司是以追求員工的幸福為目的而存在，這與勞資團結一致為公司的發展盡全力，並無任何矛盾。由於京瓷已經像這樣，事先確立一套全體員工能夠認同與共享的普遍經營理念，因而能夠以之為土壤，孕育出超越勞資對立、團結一致

的企業文化。

此外，由於已確立這套經營理念，身為經營者的我，也就變得能夠把自己下定決心的事，告訴員工知道。如果我是個自私自利的經營者，那麼我會讓勞動者為了我工作、壓榨他們；但在我們公司，我這個經營者卻是站在最前線，即使犧牲自己也要為全體員工的幸福竭盡全力。因此，一方面我會為了大家而毫不客氣責罵員工，只希望他們的工作能夠成功；另一方面，全體員工也會產生一股夥伴意識，覺得大家都是「為相同目標而工作的同志」。

即便如此，並非全體員工都同樣能夠完好理解，我這個經營者的辛苦之處。就算我對員工說：「你現在不是做這種事的時候吧。公司現在處於這種狀況，你不知道嗎？」員工也好像不太能夠體會；我的心理和員工的心理，還存在著落差。

那時，我察覺到，大家之所以無法理解我所說的事，是因為他們不了解公司的實際狀況。因此我覺得，既然這樣，不如下定決心把公司的實際狀況告訴大家，他們應該就能夠理解經營者的心情了吧。就是因為經營者不去考量勞動者的立場，勞動者也只知道主張自己的權利，才會一直維持對立的結構。但我希望全體員工都能夠擁有經營者思維、在與經營者相同的意識水準下為公司工作。為此，要盡可能向他們披露關於公司實際狀況的資訊，也要讓每個人了解，目前我正在煩惱與感到困擾的事，不要隱瞞。這一點，我認為最為重要。

在勞資雙方激烈對立的當時，經營者一般都會盡可能不讓勞動者知道公司狀況。在那樣的社會氛圍下，我刻意不對全體員工隱瞞實際經營狀況，而是請大家來理解，只要大家能夠理解公司的現狀與問題點，我就能和員工分享彼此的煩惱，甚至能夠促成員工培育出經營者思維。

全體員工帶著生存意義與成就感工作

在阿米巴經營中，把公司分為小團體，領導者成為中心，由所有成員參與管理。這種狀況下，與阿米巴及公司經營狀況相關的主要資訊，就透過朝會等場合完整告知全體員工。像這樣盡可能公開公司資訊，將可成為培育全體員工自主參與經營的土壤，使得「全員參與管理」成為可能。

只要全體員工積極參與管理、分別在個人的立場上自主性扮演自己的角色、完成自己的責任，員工就不再只是單純的勞動者，而成為共同工作的夥伴，變得擁有身為經營者的意識了。這樣的話，一旦完成自己的責任，他們會對工作產生喜悅與成就感。由於在工作中彼此都抱有，「要對公司有貢獻」的一致性目的，他們可以一面實際感受到生存的意義，一面工作。

每位員工都在自己的崗位上，希望對自己所屬的阿米巴、進而對公司整體有所貢獻。而且，阿米巴的領導者與成員也會訂定自己的目標，並且覺得目標有實現的價值。這樣的話，全體員工會在工作中找到喜悅與生存意義，進而拚命努力。於是，員工就可以將個人能力提升到最大限度，也可以當個不斷成長的人了。

全體員工為了公司的發展同心協力、參與管理、帶著生存意義與成就感工作的「全員參與管理」，就實現了。這是阿米巴經營的第三項目的。

第二章

經營不能沒有哲學

1 把組織細分為事業組成單位

要想在企業管理上實踐阿米巴經營，有幾個不可或缺的要點。我會在其中挑選，理解阿米巴經營時尤其重要的幾個重點，加上解說。

不只是細分就好

最先要講的要點是，如何分割複雜企業組織的問題；如果說它掌握了阿米巴經營的成敗關鍵，也不為過。要分割組織，必須要先好好掌握事業的實際狀況，再據此進行。為此，我認為有三個條件。

第一個條件是，為了讓分割出來的阿米巴組織能夠成為獨立核算單位，**「必須能明確掌握阿米巴做為獨立組織的收入和支出」**。為採取獨立核算制度，就必須能夠計算收支；因此，必須要能夠對獨立出來的組織掌握其收入與成本不可。這是分割出阿米巴時的第一個條件。

第二個條件是，「**身為最小單位組織的阿米巴，必須是個能夠獨立完成單一作業的單位**」。

易言之，阿米巴必須能夠成立為一項獨立的事業、必須是個具有最低限度功能的單位。唯有阿米巴本身成為一項獨立事業，其領導者才有發揮創意心思的餘地，也才會有成就感。因此，阿米巴必須是能夠獨立完成單一作業的單位。

我試著以陶瓷的製造部門為例說明此事吧。京瓷的製造部門中，最早分割出來成為阿米巴的，是原料部門。它相當於製造流程中的第一項流程，負責的功能是調配原料。在我們打算把原料流程獨立為一個阿米巴、從「能夠獨立完成單一作業」的條件來考量時，我曾經擔心過，這樣子會不會把組織劃分得太細了。

那時，我突然察覺到，當時市面上存在著把調配好的原料賣給京瓷這種陶瓷製造商的業者。既然有這種以調配原料為專業的公司，那麼在京瓷內部，「便宜買進原料、調配好之後，再賣給次一流程的成形部門」，應該也很有條件能成為獨立的一項事業。想到這裡，我下定決心把原料部門分割出去成為阿米巴。

至於接下來的「成形流程」，在市面上也有很多承接這類作業代工的公司存在。機器與材料全數由對方提供，只承包加工的部分，以代工為業。京瓷也一樣，只要成形部門採買原料，採購成立後，再把成形後的東西賣給燒成部門，出售也成立的話，成形部門就是一個獨立核算單位了。只要像這樣把組織細分為能組成獨立事業的狀態為止就行了。

然而，阿米巴絕非分得愈細愈好。組織這種東西，一旦分割得太細，會變成小組織林立，可能會出現無效能的問題。如同前面第一個條件所述，阿米巴經營中，必須把阿米巴間的收入與成本弄清楚。因此，在營運上反而會出現很多煩雜的事，像是要決定阿米巴間的買賣價格，或是在品質出現問題時的處理方式等等。

還有，必須要讓阿米巴的領導者覺得，雖然是個小組織，自己卻能夠感受到身為經營者的成就感。因此，組織應該只分割到「能夠藉由創意心思改善事業」為止的單位。像這樣把組織細分為能組成一項事業的單位，是打造阿米巴的第二個條件。

第三個條件是，**「分割出來的阿米巴，要能夠不違背公司的整體營運目的與方針」**。

即便能夠明確計算其身為阿米巴的收支狀況，也變成了能夠獨立完成單一作業的單位，但如果公司的方針因而受到阻礙，就不能讓該組織獨立成為阿米巴。原因在於，將組織當成阿米巴細分時，有時候公司內某些應該有所調和的功能會變得支離破碎，變成無法達成企業的使命。

舉個例子說明吧。以我們這種接單生產的製造商的業務部門來說，可以把規模變大的組織分割，細分成為向客戶接單的接單部門、管理與處理產品交期的交期管理部門，以及送出請款單與回收貨款的貨款回收部門等，能夠獨立核算的單位。假設業務部門整體拿走營收的百分之十做為手續費收入、接單部門只要接到單就收取營收的百分之五、交期管理部門收取百分之三、貨款回收部門收取百分之二……像這樣以某種比例分配收入，這些部門都能夠獨立核算。

然而，這麼做的話，可能會無法提供客戶一貫的業務服務。例如，與A、B、C三家大客戶交易時，業務部門是只要接單就行了嗎？並非如此。既然有交期管理，就可能有和交期、品質問題相關的客訴必須處理，也必須要回收貨款。這些工作如果由其他業務阿米巴來負責，京瓷就無法再提供客戶一貫化的服務了。由於這會使得業務上無法遵循公司「顧客至上主義」的方針，因此無法隨便分割業務組織。

從這個例子可以得知，阿米巴並沒有那麼單純，不是能分割就盡量分割到愈小愈好，只能分割到足以貫徹公司整體方針的單位為止。這是打造阿米巴的第三個條件。

唯有這三個條件能夠滿足，才能夠獨立為一個阿米巴。如果說「阿米巴組織的創造，是阿米巴經營的開始，也是結束」，其實也不為過。阿米巴經營的重點，就在於阿米巴組織的設計。

經常調整看待組織的角度

那麼，阿米巴是不是只要分割好、創造出來之後，就沒事了呢？並非如此。阿米巴經營的優點在於，面對來自經濟狀況、市場、技術動向、其他競爭業者等層面的急速變化，能夠柔軟地變換組織、即時因應。圍繞企業的環境無時無刻都在變化，因此必須因應市場的變遷與其他競爭業者的動向，轉換為符合不同時刻下各種狀況的最佳組織。經營者與領導者必須經常檢視，目前事業所處的環境或公司的方針，是否與目前的組織相契合。

在一段時間之前，京瓷曾發生過這樣的例子。當時，在社長伊藤謙介（現為顧問）的提案下，創立了名為「物流事業部」的新事業部。過去，產品的出貨都是由各工廠的經營管理部門委託外面的業者處理，但由於一般而言也存在著配送業這種業種，因此就把公司內部的配送業務全都集合起來，獨立為一個事業部。

這麼做之後，該部門的獲利狀況看著看著愈來愈好，也同時大幅節省了運費。自物流事業部誕生後，大家才發現，過去，各工廠應該對於運輸有相當嚴謹的檢核才對，事實上卻還是有很多浪費成本之處。

此一物流事業部是公司創立三十多年以來才成為獨立核算事業的，在公司裡，或許還有其他像這樣應該阿米巴化的獨立事業。經營高層必須經常從這種經營效率化的觀點，重新看待全公司的組織。

再舉一個例子，最近曾發生這樣的事：京瓷的某個事業部的製造部門，接單量時多時少，生產量大幅上下振盪，但又無法減少因應產量增減而造成的成本與時間，最後由盈轉虧。

那時，事業部長察覺到，核算的單位並未充分細分，於是將組織分得更細。結果，核算內容的細節就變得明確，也確實找到了改善盈虧狀況的問題所在。

於是，阿米巴的所有成員集合眾智，把問題一一解決了。現在，該製造部門的獲利率，已經變成大幅超過其他事業部。

在那個阿米巴裡服務的一位年輕女性，最近回顧往事，據說講了一番有如經營者般的話：「從虧損到重新站起來為止，雖然吃了相當多苦頭，可是大家一面彼此鼓勵，一面投入改善計畫中。正因為集合了成員們的智慧，又有周遭人士的合作，目標才能夠達成。支持著這種合作關係的，是彼此信任的人際關係。」把核算單位細分，除了能夠觀察組織的盈虧狀況到很細部的程度，也能夠提高成員的經營者意識。

如本例所示，即使是已經存在的阿米巴，仍有必要重新審視，或者再予以細分，或是反過來把過度細分的單位再次整合為一。經常使阿米巴組織維持在最適狀態，是一件極其重要的事；一旦在這方面失敗，甚至可能讓阿米巴經營失去意義。

之所以說「阿米巴組織的創造，是阿米巴經營的開始，也是結束」，就是因為這樣。以前述的三項條件為基礎，在不同時刻下考量組織是否與當時的事業相契合，是非常重要的。

2 阿米巴間的價格決定

以製造業而言，只要把各流程打造為阿米巴組織，在製品就變成能夠在阿米巴之間買賣。這種狀況下，當然會需要有個售價，因此必須為阿米巴之間設定售價。各阿米巴都會希望自己的獲利狀況多少可以變得更好，因此如何設定售價，對阿米巴的領導者而言，是最為關心的事。

要想設定各流程間的售價，首先必須從賣給顧客的最終售價回溯起。例如，假設某項陶瓷產品是經過原料部門、成形部門、燒成部門、加工部門等流程後生產出來的，那麼阿米巴間的售價，就以接單金額為基礎，從最終流程開始往燒成部門、成形部門、原料部門算回來。然而，各流程間的買賣價格應該是多少，卻只有一個客觀標準「接單價格」而已，因此在價格的設定上，必須十分小心。

必須有公正、公平的判斷

那麼，要怎麼決定阿米巴間的售價呢？首先，要從最終售價開始回溯決定各流程的價格。原則在於，某項產品在售價決定後，必須讓生產它所需的各流程中，都有差不多相同水準的「單位時間利潤」（阿米巴產生的每小時附加價值，詳見第四章）。由於該產品是以這個價格賣給客戶，因此就由此回溯，依序決定最終加工部門賣多少、燒成部門賣多少、成形部門賣多少，一直到原料部門賣多少等各阿米巴間的買賣價格。

此時，如果把某個部門售價訂得高，它會有很多利潤；把某個部門售價訂得低，那它再怎麼努力也無法獲利。在這種情形下，對於每個阿米巴會變得不公平，容易引起爭吵。為防範此類事情發生，在決定價格時，最後做出判斷的經營高層，必須有能力設定任何人都能夠接受的公平價格才行。判斷阿米巴間售價的人，應該在詳加考量各部門發生的成本、各部門需要多少勞力、產品在技術上的困難度，並且比較過同類產品的市場之後，再決定公平的價格。也就是說，判斷阿米巴間買賣價格的人，一定要經常保持公正公平，也要具備能說服大家的見識才行。

還有，為做出這類公正的判斷，決定價格的經營高層，對於勞動的價值也必須兼具社會性的常識。所謂的社會常識，就是對於勞動價值的常識，像是銷售電子產品需要多少百分比的毛利、一件工作由內部員工或由兼職工作者來做的時薪是多少、一件作業外包的話成本多少等等。重要的是，這些事項，他平常都必須先學習、熟悉。

為何需要這樣的知識呢？來看看以下的例子。

例如，假設公司要生產一種高附加價值的高科技產品。在它的製造流程中，需要很多技術水準很高的流程，但是再假設其中有某個阿米巴A負責以某項單純作業為中心的流程。在公司內部買賣時，如果根據原則，讓生產該產品的各流程阿米巴都有相同的「單位時間利潤」，由於原本就是高附加價值的產品，因此在決定價格時，所有流程都會算出很高的「單位時間利潤」。

這樣的話，單純作業較多的阿米巴A也會得到比較高的「單位時間利潤」，可是和把該作業外包時的成本相比，有時候阿米巴A相較之下會變成賺得太多。如果阿米巴A的工作比市面上的行情多賺好幾倍，會變成就算不努力也能夠賺錢。相對的，另一個流程阿米巴B需要高度技術力，今後也必須持續投資設備，有各種成本會增加，因此應該分配較多的附加價值。這種時候，為了不讓阿米巴A持續獲取暴利，具備社會常識的經營高層，應該把阿米巴A的售價調整到符合市場行情的水準。

像這樣，阿米巴間的價格，應該由熟知各阿米巴工作內容的經營高層，從社會常識的角度，對每個阿米巴的成本與勞力做出正確的評估後，再公平地決定。

3 領導者需要具備一套經營哲學

利害的對立會損及公司整體的士氣及利益

即便經營高層像這樣參考社會常識、公平地設定阿米巴間的售價，阿米巴間還是會有利害對立、發生爭執的時候。

例如，假設有某種產品，一開始在阿米巴間已經設定了公平的售價。然而，兩個月後，由於和其他同業間的競爭，該產品的價格下跌了百分之十。這種狀況下，如果能將阿米巴間的價格一律調降百分之十也就罷了，但由於阿米巴屬於自主獨立經營，每個阿米巴的狀況都不同。有的阿米巴會說：「目前的售價就已經做得很辛苦了，如果再降價百分之十，盈虧狀況會惡化，生產就沒有意義了。我們不需要這張訂單。」如此一來，一律降價百分之十將變得窒礙難行。

由於阿米巴的領導者既要對自己部門的經營負責，又要調整阿米巴間的售價，因此不會輕易接受會讓盈虧狀況惡化的降價行為。有時候，阿米巴會為了減少降價所造成的負擔，而彼此主張自己的立場，因而爭吵起來。

在阿米巴經營中，各單位領導者都會希望為了大家而不斷增加自己部門的利潤。因此，出於一種「利潤再多一點也好」的心態，很容易會有流於自我的傾向。然而，如果為了把自己阿米巴的利潤最大化，就無視於對方的立場，公司內部的人際關係會起齟齬。

還有，在業務與製造之間，也可能發生類似的對立狀況。

以製造商而言，製造與業務單位間的買賣，多半會以「賣斷、買斷」的方法進行。業務單位從製造單位那裡買來產品，就負起把它們全賣給客戶的職責。這種時候，業務單位會盡可能壓低進貨價格，再盡可能以高價賣給客戶，藉以獲利；因此，會產生一種「可以憑著自己的才智像獨立貿易商一樣做生意」的妙趣。

然而，像京瓷這種自產自銷的製造商，如果採取「賣斷／買斷」的方式，業務單位會盡可能想要買便宜一點，製造單位會想要盡可能賣貴一點，有時候業務與製造單位間會發生對立，因而損害到公司整體的利益。如果演變為製造與業務雙方自我意識強的人得利，雙方的對立會變得更加激烈，可能會使得全公司的體質弱化。

這種事情不容發生，為了不使業務與製造對立，京瓷採取了所謂的佣金制，也就是只要業務這邊有銷售額，就自動可以獲得比如說百分之十的金額當成手續費。在這種營業形態下，業務單位就不能靠自己的技巧獲利了。取而代之的是，業務單位只要有銷售額，就自動獲得一定比例的手續費。

然而，在這種形態下，就算業務單位再怎麼調降產品售價，一定還是能夠收取銷售額的一定比例做為手續費，因此業務單位有時可能會隨便就答應客戶的降價要求。對製造單位而言，要他們降低幾成的成本，是極其吃力的事，屬於嚴重到可能變成虧損的問題。即便如此，有時候業務單位還是會隨便接受客戶的降價要求，往往形成製造與業務單位間的爭吵。好不容易才在佣金制下決定業務單位的收益，業務與製造單位間卻出現永無止息的對立。

同樣的這種對立，也發生在海外的當地銷售公司與日本總公司之間。

一九六八年，京瓷在美國西海岸設置駐地辦事處，隔年設立當地法人京瓷國際（ＫＩＩ），以矽谷為中心展開精密陶瓷的銷售。然而，一發生客訴或交期問題，ＫＩＩ的當地業務與京瓷的製造部門間馬上就會出狀況。美國的業務單位發火，說自己的績效之所以不振，是因為日本的製造有問題。雖然當時還是以電報聯絡，抗議的電報卻一封接一封傳到日本來。

照理說，發生客訴問題等狀況時，正是製造與業務單位應該同心協力為找回客戶信賴而努力才對；但實際碰到危機時，卻起了內鬨，傳來傳去還傳到客戶的耳中。在客戶因為交期等問題而多次發脾氣後，當地的業務人員當中，也有人可以毫不在乎地說出，「這是京瓷製造部門的錯。我已經多次傳電報到日本去了，是製造部門無法遵守約定」之類的話。為了自己的面子，業務單位就向客戶數落自己公司製造部門的不是。明明整個京瓷企業會因而失去信用、對方也不會再向我們下訂單，竟然會走到連這樣的話都講得出來的地步。

諸如此類的對立，是想要保護自己的「利己」行為所造成的結果。然而，在阿米巴經營中，由於是把公司分割成小組織、以獨立核算方式經營，因此又必須先盡可能提高自己部門的利潤不可。這使得各部門很容易流於自我保護、使彼此間的關係產生齟齬。易言之，由於在阿米巴經營中「想要保護自己組織」的心態會變強一倍，部門間的爭執會變得激烈，很容易破壞全公司的和諧。

領導者應該做出公平判定

各阿米巴為賺取自己的收入、為保護自己，不得不訴諸自我；但相對的，從全公司角度來看，整體利益的最大化才是原本的使命。一旦個體利益與整體利益間起衝突，將會糾紛不斷。要想解決糾紛，身為個體，在維護自己部門的同時，必須具備一套能夠跳脫不同立場、從更高的層次思考事物、做出判斷的經營哲學。

這裡所謂的哲學，就是我平常一直在說的，以「人應為的正道」做為判斷標準的經營哲學。在企業經營骨架中有了這樣的普世經營哲學，阿米巴才能避免彼此間自我意識的相互衝突，努力使個體利益與整體利益相調和。所謂的阿米巴經營，就是根據哲學正確地解決部門間的利害衝突，進而同時追求個體與整體的利益。也就是說，阿米巴經營必須以哲學為基礎，才可能克服利害衝突、正常地發揮功能。

會成為領導者的人，很多原本都是有強烈自我意識、自信心很強的人。我一向也常說，領導者必須有強烈的自我主張，而且熱情要多到有點要和人吵架的地步才行。然而，一旦公司內部發生利害衝突、產生爭執，立場頑固、聲音大、態度強勢的領導者，如果為了讓自己的利益最大化，就踐踏對方的立場，將無法保護公司整體的利益與倫理。正因為如此，公司不能懈怠，要努力培養高層次哲學，使人不訴諸自我中心的行為、能夠自律。

爭執如果變得不可收拾，居上位的領導者必須介入仲裁。此時，重要的是，主管應仔細聆聽雙方的說法，像江戶中期的名臣大岡忠相那樣，做出公平的裁定，由大家共同遵守。如果與公司內部的買賣價格有關，必須做出像是「這是你這邊有問題，你要更努力降低售價」之類的公正判斷。

不說謊、不騙人、要正直

最近，企業不斷爆發負面事件，像是大企業公布假報告等不法行為，或是為使公司業務比實際狀況好看而美化財報等等。很多企業都不遵守經營倫理，像是為了擔心如實說出真相會遭受利益損失，因而在報告中竄改資料，或是以違法的方式掩飾錯誤等等。雖然有程度上的差異，但這樣的企業不只日本有，歐美也有。組織規模一旦變大，非法行為就會隨之出現。掀開蓋子看看，全球大多數大企業或許都已經在墮落了也說不定。

像這樣的問題，起因於缺少一套能讓身為領導者的經營幹部有所自律、在行動上不訴諸自我中心的倫理觀。而且那並非什麼高水準的哲學，而是小學的孩子們都學過的「不說謊、不騙人、要正直」之類的基礎倫理。

如果向傳出醜聞的企業經營者說，「不要說謊、不要騙人」，他們恐怕都會回答「這種事我早就知道了」吧。但知道是一回事，做到又是一回事。由於腦子裡知道的東西沒有實際付諸行動，一有什麼狀況，就會滿不在乎欺騙別人。

社會上的認知是，要想拓展事業，企業的幹部需要的是頭腦好、長於商業的優秀人才。因此，很多公司都一窩蜂聘用畢業於一流大學的人，把重要的事業交給他們來做。

然而，正如「聰明反被聰明誤」這句話說的，優秀人才如果誤用自己的聰明才智，會引發非比尋常的問題。沒有聰明才智的人，連想都不會想到這種壞事；正因為有聰明才智，才會想到做壞事。

商業上固然少不了聰明才智，但有聰明才智的人如果沒有人格相配合，會做出非比尋常的壞事。我們一直都看得到，有經營高層因為無法控制自己的欲望，而做出難以置信的違法行為。

有商業才能的人，由於聰明才智夠，也容易比較自我。由於運用聰明才智的原本就是一個人的人格，要想抑制自我，就必須要提高人格，也就是運用聰明才智的源頭。而且，在談什麼高層次人格之前，必須先確立基礎倫理觀。全球的經營者，現在是不是連這麼基本的倫理觀，都已經忘得一乾二淨了呢？

就連在採行阿米巴經營的敝公司，阿米巴的領導者，也會希望在外人眼中，自己部門的經營看起來比實際狀況要好，因此有時候會發生在計算產量時企圖矇混的不好行為。領導者的責任，應該是在業務不好的時候，坦白告知「我們沒有做好」；但因為害怕主管或周遭的人責難，才會想要掩飾結果。這樣的話，身為領導者，很難稱得上具備了真正的勇氣。

京瓷一向很重視公平、公正、正義、勇氣、誠實、忍耐、努力、博愛等基本價值觀。像我們這麼重視這種基本價值的企業，在全世界恐怕也找不到吧。因此，京瓷集團應該能夠維持與培育傑出的倫理觀與企業文化。

我時常說，領導者必須是個全人格的人。所謂的人格，經常都在變化。人一旦成功而受到奉承，會變得高傲而失去自我。若無法時常自律、繼續學習，將無法維持高潔的人格。為把集團導向正確的方向，所謂的領導者，不但要有能力、能做事外，還必須致力於自我學習、提高心志、磨練心志，成為一個擁有傑出人格的人。經營高層自不在話下，就連阿米巴的領導者，也必須具備傑出人性。

把哲學具體活用在管理上

在阿米巴經營中，京瓷經營哲學的考量方式，濃厚地反映在公司的獎酬制度上。京瓷內部並沒有那種以金錢操控人心的獎酬制度；某阿米巴再怎麼提高「單位時間利潤」，京瓷也不會因此就加很多薪水，或是發放很多獎金。當然，工作的成果在獲得肯定後，長期來說會漸漸反映在薪酬上，但並不代表「單位時間利潤」高，就會增加那麼多的薪水或獎金；有出色成果的阿米巴，會因為對公司帶來莫大貢獻，而獲得相互信賴的夥伴所給予的讚賞與感謝等精神上的榮譽。

一把這樣的事告訴公司外的人，他們曾經不可思議地表示，「光是這樣，就能運作得那麼好啊？」不過在京瓷的經營理念中，原本就深植著「唯有能夠對彼此信賴的夥伴之幸福有所貢獻，我們的部門才有存在價值」的想法。因此，員工會覺得，別人能夠讚賞自己對公司的貢獻，是一種最高的榮譽。由此可知，阿米巴經營是一種把「要在追求全體員工物質與心靈雙方面幸福的同時，對人類與社會的進步發展有貢獻」的經營理念，具體化成為制度後的經營體系。

如前所述，阿米巴經營是一種以經營者與員工，以及員工間的信賴關係為基礎的全員參與管理。由於全體員工都參與經營，無論在工廠工作的人、拜訪客戶的業務員，都朝著自己的目標邁進。

京瓷的每個成員，在「我們也是經營者」的意識下，能夠在工作中感受到生存價值，也能夠與夥伴共同對成果感到開心、彼此感謝。所以，阿米巴也是一種員工能夠感受到自己參與經營的喜悅、同時尊重每個人工作的「尊重人的經營」。

由有實力的人擔任領導者

在組織的營運上，有一件重要的事，就是要讓真正有實力的人長久待在組織。如果出於溫情主義，讓沒有實力的人，只因為「年長」這樣的理由就成為領導者，企業的經營馬上會停滯不前，變成要由全體員工來承受這樣的不幸。

一個人就算缺乏充足的經驗也無妨，只要他擁有傑出人性與能力、對工作有熱情、受他人尊敬與信賴，而我們把他配置在符合其才能的位置上，公司就能夠在嚴酷的競爭中致勝與成長。京瓷一向是以這樣的「實力主義」為原則、經營組織至今。

所謂的實力主義，就是一種不拘泥於年齡或經歷等因素，拔擢真正有實力的人、分派他到有責任的職位上，由他帶領公司走向繁榮的想法。隨著受到拔擢的人才發揮實力、做出成果，長期來看，他還是會得到應得的待遇。

然而，採行這種實力主義時，或許會發生下面這樣的問題：把有實力、有人望的年輕員工拔擢為幹部時，周遭的資深員工會認為「那傢伙是晚我三年進公司的後輩，公司竟然先起用他擔任幹部，豈有此理」，而有生氣或嫉妒的感覺。

這種時候，我一向都會說：「我希望身為前輩的員工也不要只是生氣，要冷靜一下，想想如果不是那人而是自己成為幹部的話，對公司來說是否真的加分了。這樣的話，應該可以察覺一些對方此時成為幹部，能夠對公司大有貢獻的地方吧。由年輕有為的人才來帶領公司，對全體員工的幸福也是加分。因此，不要嫉妒或怨恨公司拔擢年輕員工，而要打從心底感到欣慰才是。」只要是京瓷的幹部，我希望他們的度量，都能夠大到不會以年資深淺為由，以「這次輪到我了」標榜自己，而可以讓真正有實力的人來帶領公司。

我講個很久以前的故事。在京瓷創業十幾年、公司的股票要上市時，我們希望進一步擴大業務內容，必須開拓新事業領域，因此需要擁有各種經驗、技術與智慧的人才。那時，我也想到要從公司外部聘用足堪此任的人才，因而找了創業以來一直和我共同經營公司的幹部商量。

我問他們：「其實，我現在打算找某個人進公司，而且他的位置會比創業以來的各位夥伴要高，你們有什麼看法？如果大家說『這是我們創辦的公司，由來路不明的人來當我們主管很困擾』的話，我就不找那個人了。但正如『螃蟹的殼有多大，牠就會挖多大的洞』這句話說的，經營團隊的器量有多大，企業最多就只能成長到那麼大。因此，如果各位告訴我『我們不是以這麼狹隘的心態創辦京瓷的。我們在心底發誓過，要把這家公司發展為世界第一，因此就算有轉職來的幹部當我們的主管，也完全沒關係』的話，我希望能夠聘用那個人。」

結果，大家都爽快地答應我「來當我們的主管也沒關係」，我也因而找了那個人進公司。

像這樣轉職進來的優秀人才，毫無疑問大大有助於京瓷的成長。參與創辦京瓷的那些人，都充分理解到「實力主義才是企業發展的基礎，也才能為全體員工帶來豐碩的利益」。從這段往事中，可以清楚看出京瓷實力主義的原點。

在這樣的想法下，京瓷一直都努力從公司外部找來兼具實力與人性的人才。而且，員工不分定期招聘或轉職而來，也完全沒有出身哪個學校或哪一派的小團體，而是積極起用年輕但有能力與人望的人才。實力主義是阿米巴經營的重要組織運作原則，也是支持京瓷的成長至今的經營原則。

成果主義與人的心理

京瓷的經營依照實力主義，歐美企業則有很多導入成果主義。歐美式的成果主義，是一種直接訴諸員工物欲的方法，會視工作成果大幅增減員工的報酬。成果豐碩的話，員工也會獲得豐碩的報酬；但沒有成果的話，報酬會減少，有時候還可能遭到解雇，是一種很冰冷的人事制度。

我一直都覺得，所謂的經營者，必須對於人的心理有出色的洞察力。成果主義下，由於有成果就能獲得豐碩報酬，員工的動機會增加，因此短期來看，或許是一種很有效率的經營方法。但業績並不會永遠增加，一定會有減少的時候。人的心理很不可思議，一旦業績增加、獲得高報酬後，不知不覺就會習慣它。因此，一旦業績惡化、報酬減少了，很少人可以理性到覺得「以前的報酬都不錯，所以這次報酬減少也沒關係」。這麼一來，大家的士氣會一口氣減少，對公司的不滿將會累積。這樣的話，公司不可能經營得好。

而且，有的公司會以「成果分配」的名義，視各部門的業績多寡，增加與減少各部門的報酬。一旦採用這樣的制度，業績好的部門士氣固然會上升，業績差的部門士氣將會降低，很難不在部門間形成嫉妒與怨恨的心理。

如同這裡所說的，成果主義在成果變差、報酬減少時，許多員工心裡會變得有不滿、怨恨或嫉妒的感覺，因此長期來看，反而會導致公司內部的人心荒蕪。

尤其是日本人這種重視同質性的民族，「大家都一樣，不多也不少」的意識很強烈，因此對於差距太大的報酬或待遇，會有很強的抵抗心理。如果日本企業採用歐美式那種太過直接的成果主義，即便一開始組織因為「只要努力，獎金就能增加」而看起來似乎變得有活力，在不到幾年的時間內，怨恨與嫉妒也會致使人心荒蕪吧。

當然，也不能因為這樣，就只給所有員工同樣的待遇。如果為了大家拚命努力的人，與沒有這麼做的人，都獲得同樣待遇，反而會變成一種「形式上平等、實質上不平等」。在阿米巴經營中，固然不會因為短期的成果就給予個人差距極大的報酬，但對於為了大家拚命工作、長期創造成果的人，也會給予公正的評價，反映在加薪、獎金或升遷等待遇上。

實現誰都無法模仿的事業

社會上在談到製造商等業者的經營時，會覺得擁有稱為「高科技」、技術程度高的企業，才算優秀。持有強力的專利，或是擁有最尖端技術的公司，大家會評定為優秀企業。

擁有專利或尖端技術固然很重要，但即便能夠靠專利或技術領先一時，在不到幾年的時間內，其他競爭業者還是會找出新方法、追趕上來。如果那家公司只靠技術，一旦被其他公司追上，要怎麼辦呢？如果能運用高科技不斷催生出新技術也就罷了，但處於現代這種技術進步快速的時代中，想做到這樣極其困難。因此，只要其他競爭業者追上來，該公司的優勢就一口氣垮掉了。

所謂的「技術性優勢」，就像這樣並非永遠不變。因此，若要讓企業的經營穩定下來，即使技術上並不是那麼出色也無妨，重要的是把任誰都能經營的事業發展為出色事業。也就是說，即使做的是任誰都能做的工作，只要在經營上能讓人覺得「那家公司和別人與眾不同」，就是該公司真正的實力。

最近，京都的代表性電子零件製造商ＲＯＨＭ及村田製作所、京瓷等企業，在不景氣中依然勇敢奮戰；看到我們這幾家企業這樣，據說有裝配商認為，「組裝賺不了什麼錢，因此應該把精神花在電子零件或元件上」。

雖然他們說：「組裝賺不了什麼錢。」我卻不這麼認為。組裝這種工作，並非純粹把零組件安裝在印刷電路板上而已，而是一種很了不起的事業：設計迴路、組合零件、把出色的功能附加到最終產品上，然後送到客戶手中。裝配商原本應有的樣子，應該是在組合零件後，使功能間產生乘數效果，而讓產品的附加價值大幅提高。只要肯花這樣的心思，組裝一樣能夠賺到充足的收益。業者如果忘了製造商的這種原點，只因為「現在很賺」就轉投電子零件，是不可能成功的。無論在任何領域，只要肯為創造出掌握顧客心理的新產品，不惜付出智慧與努力，應該就能夠催生出無限的附加價值。

這並非高科技產業才有的現象。在支撐日本經濟的中小企業中，有很多都是生產鞋子、毛巾、服飾等產品的企業。這樣的中小企業，固然有很多因為不敵進口的廉價中國產品等因素而陷入破產困境，但相對的，也有公司一個勁兒地反覆投入心思，以不輸別人的努力，持續經營得很好。

在這類歷史悠久的業種裡，也能做出傑出成果的公司，在社會上決非多搶眼的存在。但是能夠把平凡的工作發展為有聲有色的事業，正代表了它是家非凡的公司。

在接受京瓷的相關企業ＫＣＣＳ管理顧問公司所提供的阿米巴經營諮詢後，導入阿米巴經營的企業中，一向有很多來自於並不華美的業種。然而，這些企業在導入阿米巴經營後，提高了員工參與管理的意識，也將盈虧的管理徹底實施到以阿米巴為單位，因而能夠經常提高工作的附加價值，利潤也不斷增加。

像這樣，即便不具有最尖端的技術，還是能夠在平凡的工作中，實現高收益經營。就算是不起眼的平凡事業，一樣能讓它閃閃發亮。那才是阿米巴經營真正厲害之處。

第三章

打造阿米巴組織

1 劃分為小團體、明確設定功能

先有功能，才有因應功能的組織

組織是構成企業經營基礎的重要要素，如何打造組織構成了經營的根本。不少一般企業會依照所謂的經營常識來進行組織編制。然而，如果只依照常識打造組織，人員會在不知不覺間漸漸增加，容易引發組織的肥大化。

例如，即使只是創業未久的製造商，如果依照一般組織理論的常識，除製造、研發、業務外，也會需要會計、人事、總務、資材等管理部門。接著，各部門裡如果再設置課或組，單位的數字又會增加，需要的人數也會膨脹。

要避開像這樣的組織肥大化現象，就必須依照公司營運時不可或缺的功能來編制組織。不要有和別人一樣的想法，覺得「別的公司也這樣，所以就打造這樣的組織吧」；為了有效率地經營公司，應該先弄清楚必要的是哪些功能，再了解最低限度需要什麼樣的組織，才能發揮這些功能。繼而再來考量，要讓這樣的組織運作，最低限度需要多少人員。

舉個例子，敝公司在創業時，並未個別設置會計、人事、總務、資材等部門。原因在於，對製造商而言，除最低限度需要的製造、研發、業務等功能外，無法分配太多人力。因此，只設置一個負責其他各種工作的管理部門。就這樣，交由區區幾個員工處理製造與開發外的所有工作，也因而得以把公司打造成沒有冗員的苗條組織。

阿米巴經營中的組織編制，基本上是以這種「先有功能、才有因應功能的組織」為原則，打造出一個因應最低限度必要功能、沒有冗員的組織。

建立人人都有使命感的組織

京瓷成立後，有一段時間是由我自己進行業務活動、從客戶那裡接單、自己開發產品、自己進行生產，等於一人扮演好幾種角色。這樣的經驗讓我覺得，製造商的經營，最低限度需要的是業務、製造、研發、管理四種基本功能，因而打造了如次頁圖所示的組織。

京瓷初期的功能別組織

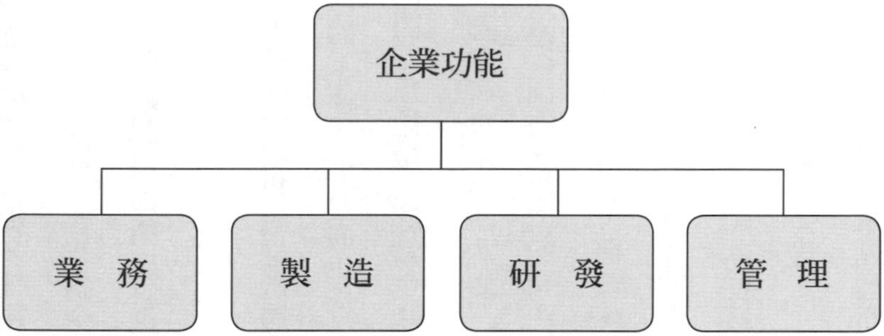

今天的製造商，也有很多採用這樣的功能別組織。不過，單單把組織依功能別劃分，依然不完備。要想讓全公司團結一致推動經營，重要的是隸屬於各組織的員工，要銘記自己所屬組織的功能與角色，而且要有負起責任的使命感。

例如，業務部門的角色是透過接單活動從客戶那裡取得訂單，一方面確保了製造部門的工作，一方面也提供客戶能夠滿意的產品與服務，然後回收貨款。製造部門的角色是，經常生產出在價格、品質、服務、交期上能夠滿足客戶的產品、不斷產生利潤。為此，除了生產出色的產品外，也同時扮演徹底降低成本、無限提高附加價值的角色。

京瓷針對製造、業務、研發、管理各個部門，有如下的基本功能定義：

- **製造**　生產讓客戶滿意的產品，創造附加價值。
- **業務**　透過銷售活動（從接單到收到款項為止）創造附加價值，同時提高客戶的滿意度。
- **研發**　根據市場需求開發新產品、新技術。

・**管理**　支援各阿米巴的事業活動、促進全公司順利營運。

此外，事業上一定會有工作的流程存在，它是由多個程序構成的。每一個程序如果無法忠實地發揮必要功能、相互合作推動工作，經營絕不會順利。在成立新組織時，也必須描繪出事業流程，明確規範各程序的必要功能，再依照事業流程逐一發揮各程序的功能。

還有，要想讓企業發揮組織力，不可或缺的是，構成企業的各組織，都必須對自己的角色或責任有深切的認識，也要抱持著「說什麼都要予以實現」的強烈使命感。這種事乍看之下好像理所當然，但是在阿米巴經營中，卻是組織最重要的理想狀態。

細分組織的三要件

那麼，對於像這樣區分為功能別的組織，要怎麼把它細分、打造阿米巴組織呢？

各阿米巴組織一方面負責構成公司整體的一項功能，一方面又是在自主獨立的核算制度下進行活動的組織單位。因此，並非那麼容易，純粹細分組織就好了。阿米巴的分割方式，重要到足以決定阿米巴經營的成敗。

如同第二章也談過的，在進行阿米巴組織的編制時，有三項必要條件。在細分組織時，只要滿足這三項條件就行了。

條件1 阿米巴是一個能夠成立為獨立核算組織的單位。也就是能夠明確掌握阿米巴的收支。

條件2 必須是能夠獨立完成單一作業的單位。也就是領導者在阿米巴的經營上還有發揮創意心思的餘地，是值得一做的事業。

條件3 組織的分割必須能夠不違背公司的目的與方針。也就是在細分組織時，不能妨礙到公司的目的或方針之實現。

我自己在創辦京瓷後、準備分割組織時，先把目標放在大幅左右公司盈虧狀況的製造部門上。當時由於京瓷專門製造電子工業用的精密陶瓷零件，因此希望依照流程別觀察盈虧狀況，於是依流程別分割為由少數人構成的阿米巴，分別配置領導者，把所有經營事宜委由他處理。製造部門就如次頁圖所示，依

細分製造部門的流程別

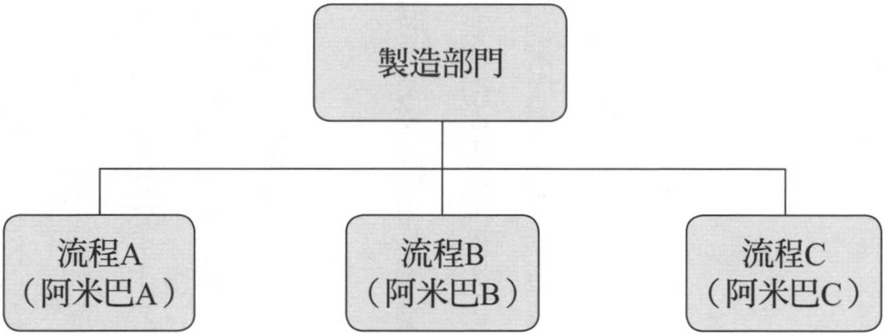

流程別細分，逐一把各流程打造為營運單位。

隨著公司的成長，所生產的品類也呈現飛速的增加。因此，有必要依照品類別分割阿米巴組織。此外，由於工廠空間變得不足，又逐一設置了滋賀工廠等新工廠，因此也有必要依工廠別打造組織。於是，依照流程別、品類別、工廠別等方式編成各種組織後，阿米巴組織的數量，就隨著事業的成長不斷增加。

與此同時，業務部門也依照地域別、品類別、顧客別等各種劃分方式將組織細分。研發部門與管理部門也同樣採取這樣的作法。

不久，為求取經營的穩定以及公司的成長，我成立了多種新事業。為使多樣化的事業能夠確切營運下去，京瓷採用了事業部制，積極推動事業的多角化。結果，現在的京瓷在細分之後，阿米巴的個數約莫達到三千個。

形塑從經營者觀點看待事業的組織

那麼，從企業經營的觀點來看，像這樣將組織細分，有什麼樣的好處呢？

以下以食材店為例思考看看。

假設有一家只由家族經營的食材店。這家店並不寬敞，但賣的包括蔬菜、魚、肉，也經手乾貨、罐頭、即食食品等加工食品。客人來買東西時，老闆會把錢收到吊在店頭的籃子裡，找錢給對方。一天的生意結束後，店長把籃子裡的錢倒出來，計算當天的銷售額。也就是所謂不去計算金錢細目的經營方式。

如果是一家經手商品種類有限的商店，或許可以憑藉經驗或直覺設法經營下去。但如果像這家店這樣經手各種品類的商品，就不容易掌握實際經營狀況了。因為，商品的性質會由於品類不同，導致買賣的方式也不同。

首先，各種商品的壽命就大為不同。肉品只要放進冰箱，就可以存放一段時間，但魚類的話未必放得了一天，蔬菜的話放沒多久就會枯萎。商品的壽命不同，定價方式也會跟著不同。如果是可能因賣剩而必須丟棄的商品，就必須確保某種程度的高毛利。但商品壽命較長又暢銷的品類，就可以薄利多銷。商品的性質不同，買賣的方式也會有所改變，因此應該以部門別的核算方式依品類別管理這些商品，弄清楚什麼部門賺錢，什麼部門沒賺錢。

以這家店為例，可以試著在核算時分為蔬菜、魚、肉、加工食品四個部門計算。如果各部門的銷售額與成本不易計算，只要準備四個用來放買賣款項的籃子就行了。這樣的話，賣菜的錢就放到蔬菜部門的籃子裡，依此類推，可以計算各部門的銷售額。像這樣分成四個籃子是重點所在。等到打烊後再計算每個籃子裡的錢，各部門一天的銷售額就一目了然了。

不過，商品的進貨費用或店裡發生的一般費用，決不能拿籃子裡的錢來付。應該以籃子以外另外管理的錢來付，並把做為付款憑證的單據留著。這樣的話，就能計算各部門的進貨成本或其他費用了。

透過這樣的做法，從籃子裡的一日銷售額扣掉各別的進貨費用，再把賣剩必須丟棄的部分處理掉，就能弄清楚各部門的收支了。今天一天，蔬菜、魚、肉、加工食品各部門分別賺了多少，馬上就能計算出來。像這樣審視各部門的盈虧狀況，就能得知實際經營狀況與問題點所在，馬上採取對策，像是「以前一直以為我們店裡是蔬菜最賺錢，結果真正最賺錢的是魚。非得要再好好思考一下賣菜的方式了」。

除此之外，如果事先決定好如何分擔責任，像是「長男負責賣菜、次男負責賣魚……」，就能夠經營得更細膩。即使是經驗尚淺的年輕人，只要委由他們經營一個領域，他們也會花心思在自己部門的生意上。以賣菜來說，不但會預測各種菜今天會賣多少、據以進貨，也會不時注意澆水，不讓菜枯萎。為了賺錢，他們也會花各種心思，像是把賣剩的菜降價賣光等等。

這固然是不考慮庫存的單純例子，但只要正確從事部門別核算，就能漸漸看出不計算金錢細目時，所看不到的實際經營狀況了。這麼做，也可以一目了然看出「哪個部門應予改善」、「今後應在哪個部門多下工夫」等生意上的著力點。

也就是說，在將組織細分時，關鍵在於，從經營者的角度來看，以什麼樣的單位來核算，能夠更清楚看出實際經營狀況。經營者身為執掌公司之舵的舵手，為求能夠一目了然了解整艘船的動向，重要的是要從經營者的角度著手組織編制、實際感受各部門的真實狀況。

拔擢與培育年輕人才

不過，一旦將組織細分，由於需要經營阿米巴的領導者，自然就會碰到如何挑選領導者的問題。尤其是在人才不足時，組織分得愈細，由誰來當領導者，愈會成為讓人頭痛的事。

當然，既然沒有適當的領導者，就沒必要非把組織分到多細不可。在能夠當領導者的人才過於不足時，有時候就只能在目前的人才能夠經營的範圍內將組織細分。還有，也可以考慮在細分組織後，暫時由上一級的部長或其他阿米巴領導者兼任。

不過，阿米巴經營的目的之一在於，培育有經營者意識的人才。重要的是，要發掘出現階段尚不具備充足的經驗與能力，但有潛力成為領導者的人才，再由他來擔任阿米巴的領導者。這種時候，不是把經營完全交給領導者，而必須由足以指導與監督新領導者的人，指點他有所不足之處、予以培育。也就是說，在能夠成為阿米巴負責人的人才不足時，必須把組織劃分為它應有的樣貌，再拔擢有潛力的領導者、培育他們。

在展開新事業時，我認為「人才才是事業的根源」。因此，不能只因為「有商機」之類的理由就展開事業。應該先確認公司內部有適於負責新事業的人才，或是公司內沒有的話，已經找到公司外的適任者願意到本公司來的時候，再決定投入新事業。「找到適當的人才後再進入新事業」是我的鐵則。

由於在阿米巴經營中組織已細分，因此，即便起用具潛力的新領導者，但經營不順利，危及公司骨幹的風險也不高。所以，重要的是，要積極起用經驗略嫌不足的人才，讓他們累積身為經營者的自覺與經驗。

切分組織、拓展事業

京瓷的零件事業，以前劃分為製造部門與業務部門兩個組織。不久，製造部門劃分為精密陶瓷零件、半導體零件、電子零件等單位，業務部則維持「精密陶瓷業務」一個單位。那時，在人數較少的各地營業所，有時候是由不同業務員專任負責事業本部的不同產品，有時候則是由一個業務員同時負責所有部門的產品。

例如，精密陶瓷事業本部、半導體零件事業本部與電子零件事業本部，都各有負責的業務員，三人都到同一個客戶那裡談生意。這樣的話，客戶或許會說：「現在你們來了三個業務員，可是如果只來一個，我們會比較容易談。」確實，設置兼任業務員，看起來會比較有效率。

然而，一旦整合成只有一個業務員，他很容易會把精力花在易於取得訂單的產品上。對這個業務員來說，哪個事業本部的產品拿到訂單都沒有差別。因此，他不會投身開發需要努力與時間的新客戶或新市場。但獨立核算的各製造部門如果沒有訂單，事業就經營不下去。這會發生「原本想為各事業本部設置專任業務員，但訂單卻又尚未多到足以設置」的狀況。

這種時候，到底要為各事業本部設置專任業務員，還是要以業務效率為優先考量、設置兼任業務員，是很難判斷的問題。不過，如果只考慮到業務效率，營收卻一直都是持平，那就不行了。即使目前接單量還很少，還是應該設置專任業務員，藉此漸漸促成較大量的訂單。

因此，如果把「拓增各部門營收、獨立提高利潤」看成是阿米巴經營原本應該有的模樣，那麼即使乍看之下很浪費，還是應該劃分業務組織。組織細分後成本或多或少會增加，但要考量的應該是如何增加訂單、提高營收、提升利潤到超過成本增加的幅度，再分別拓展各事業。

2 因應市場變化的靈活組織

打造此刻能作戰的體制

依照前文所述打造出來的阿米巴組織，在維持與經營上，有幾個應該注意之處，我希望在此談談。

首先，為實現阿米巴經營的目的之一「確立直接與市場連結的部門別盈虧制度」，不但要細分組織，也必須讓阿米巴組織能夠即時因應市場變化。

京瓷從創業伊始，就是以從客戶那裡接單，再生產產品的「接單生產」模式為主。因此，必須因應市場動向，也就是因應訂單，運用有限的人才與設備，思考如何確立一個能臨機應變而有效率的生產體制。

以前曾發生過這樣的事。帶領某部門的主管來找我商量，「從下一期開始，希望變更為這樣的組織。」我馬上指示，「如果身為部門經營者的你，在審視組織時注意到了問題，為何要延到下一期才變更組織呢？下個月就馬上實施。」

我們經營事業，面對的是瞬息萬變的市場。組織的體制如果無法因應其動向或變化，也靈活地改變，將會在市場中顯得落伍。基於「如果不打造一個此刻能作戰的體制，將在競爭中落敗」的危機感，我經常會重新打造組織。

實際經營過就會清楚了解，即便你拚命思考著「要這樣改變組織」，有時候過沒多久，再重新思考時，你又會覺得，「這麼做會有矛盾存在，無法順利。」在這種時候，應該會有人覺得，如果太輕率改變方針，可能會有失身分吧。但是，只要你實際認真思考工作的事，有時候真的不得不朝令夕改。

阿米巴經營的優點在於，第一線可以像「一打就響」一樣，馬上對領導者的意志做出回應。只要覺得「這麼做很好」，就馬上實施。如果再想想覺得「這樣不行，應該那樣」的話，只要向部下說聲「抱歉」，馬上就能改正。阿米巴經營就是有這種一想到好點子、就能馬上執行、做出效果的優點。組織的更動，應該要在「朝令夕改也有必要」的前提下，隨時做好「以動態方式發展事業」的心理準備。

在實踐阿米巴經營時，組織不能太過僵化。應該經常思考，目前的組織是否合於市場實際狀況，臨機應變地重新架構組織。現在的京瓷，從事業部的整合或分割等相當於公司規模的大組織，到第一線的阿米巴單位，都還是會配合市場的動向持續反覆進化。因此，每個月我們都會更新列出全體員工名字的組織表，發放給幹部。只要有了組織表與部門別的盈虧表，幹部就能夠一面在腦中回想自己部門成員的長相與名字，一面清楚地掌握其活動狀況了。

領導者是阿米巴經營者

各阿米巴組織中，一定會有身為負責人的領導者存在。領導者就像中小企業的社長一樣，帶著責任感與使命感，以自己的意志設定目標、經營下去。而且，員工也會因為這是屬於自己的職場，因此會有一種希望這個阿米巴更好的意識存在。各阿米巴會為了提升自己的獲利狀況而改善經營方式，如此不斷累積，公司整體就能追求業績的大幅提升。

此外，由於盈虧管理徹底實施到阿米巴單位為止，經營高層可以了解公司各個角落的動向，也可以對阿米巴的事業經營給予確切的指示或指導。透過這樣的阿米巴經營，可以活化企業末端的阿米巴組織，引出公司整體的活力到最大限度。

組織自由度高，經營理念更重要

阿米巴組織由於是以小團體的獨立核算制度為進行各種活動的基礎，可以說是自由度很高的組織。它並不是在人的管理下才運作的組織，而是自己發揮主體性投入工作、漸漸提高自己能力的組織。不過，正因為它是自由度高的組織，因此領導者與成員必須對經營有足夠的意識，也要有相當水準的倫理觀。

如第一章所述，阿米巴是在公司內部相互進行買賣。物品在各流程間流動時，不是以成本為基礎交給下一個單位，而是以加上自己利潤後的售價買賣。但在決定售價時，倒不是只考慮自己的盈虧狀況就行。

例如，經過幾個流程製造出來的某種產品，如果客戶要求大幅降價，說什麼都必須調降售價時，會發生「該由哪個部門吸收」的問題。這種時候，各領導者不能一味堅持自我；就算盈虧狀況變得嚴苛，但為了事業整體著想，仍然必須調降賣給下一個單位的售價。也就是說，必須抱持著為對方著想的利他之心，在考量到公司整體的和諧下行動。

此時，假設有某個阿米巴的負責人自己站出來說：「我知道了，我這個單位就改成這個售價吧。」但在實際商業上，再怎麼考量到他人，如果「為了公司而調降售價，因此自己的部門盈虧狀況變差」，公司的經營將無法成立。這不能算是真正的利他。如果真正想對公司好，應該要有比別人多一倍努力的覺悟，做到「就算是在平常大家不認為能夠獲利的這個價位下，我們也要設法改善盈虧狀況」。也就是說，用前所未有的方式徹底降低成本、抱持著「自己已做好極度努力的覺悟」之下所做的讓步，才是真正的利他行為。

此外，事業部長之類的人在公司外部洽談價格時，有人會因為不景氣下接單量大減，或是訂單被競爭業者搶走，而在不確定能否有利潤下，就覺得「市場很嚴峻，這麼做也沒辦法」，而接受對方大幅降價的要求。這麼做的話，有時候製造單位會說「這種價格不敷成本」，結果演變為赤字。

但既然以高層身分在外洽談，就不該以這種不負責任的態度處理。如果委以事業的事業部長要接受對方的降價要求，就必須在事前先徹底考慮好要如何降低成本、確保利潤才行。而且，應該要在「絕對做得到」的確信下才接訂單。重要的是，事業部門要告訴製造部門，「若照我們至今為止的做法，確實會不敷成本，但如果採用這樣的新方法，大家通力合作，應該能夠讓盈虧狀況變得比一直以來更好」，在取得大家的協助下，團結一致面對難關。

各阿米巴，都是在共通的經營理念下，在一個公司裡共同運作的命運共同體之一。因此，各阿米巴的領導者在明確主張自己的立場之餘，也必須捨棄自我、考量公司整體的利益，依據「人應為的正道」做出正確判斷。而且，各阿米巴還必須在與整體間維持一體感的情況下，追求自己的利潤。

正因為有大家共享的普遍哲學、經營理念與價值觀，在團體的基礎中連綿不斷地流動著，公司整體才能夠在組織細分之後，依然能夠像一個生命體一樣發揮功能。

3 支援阿米巴經營的經營管理部門

如前言所述，所謂的阿米巴經營，是一套我在經營公司時，為實現京瓷的經營理念而創造出來的「經營管理體系」。為維持構成其基礎的思想與方法，以及負責扮演使其進化與發展的角色，我們成立了「經營管理部門」，這是極其重要的組織。

經營管理部門經手全公司的經營數據，除了掌經營之舵外，也負責扮演正確收集重要經營資訊的角色。也就是說，它是一個從根基處支援阿米巴經營的部門，負責讓相當於飛機駕駛艙內各種儀表板的經營資訊，能夠正常發揮功能。

因此，經營管理部門身為實踐京瓷經營思想「京瓷哲學」與「京瓷會計學」的部門，必須擁有使命感與責任感。也就是說，必須根據原理與原則，追求事物的本質，堅持以「人應為的正道」做為判斷基準。

在此要先談談在阿米巴經營中，這樣的經營管理部門應該發揮的三種基本功能。

(1) 打造一個能讓阿米巴經營正確發揮功能的基礎架構

經營管理部門為使事業的實際運作能夠平順、阿米巴經營能夠正確發揮功能，必須扮演在公司內打造以「接單生產系統」與「庫存銷售系統」為代表的事業系統的角色，並且要安排全公司合理運用這些系統。

還有，也必須制定與修改經營管理所需要的公司內規、力求周延。在制定公司內規、維持與管理它們時，重要的是將內規的意義與目的明確化。

至於公司內規應該怎麼制定，請參照以下所列舉的項目。

要與公司的基本想法、價值觀一致

公司內規的前提是，要與公司的基本想法、價值觀（以敝公司來說就是京瓷哲學）一致。要想在長期將公司的經營導向成功，需要正確的判斷標準。必須把應該由全公司共享的經營哲學或經營高層的方針，反映在公司內規上，藉此讓事業持續發展。

要從經營的觀點來看

第二重要的是，制定公司內規時，必須從公司經營的觀點來著手。必須先理解「事業形態如何」、「為發展事業，組織體制或組織的角色與責任，應該要如何」，再打造適於這些觀點的公司內規。

為此，在制定公司內規時，重要的是如何根據事業型態或組織型態，先具體模擬要如何評斷阿米巴的實際成果（銷售額、總產量、成本、時間）之後，再予制定。

要能如實傳達出實際經營狀況

第三項是，公司內規在制定後，必須能夠以經營數字如實呈現實際經營狀況。為此，應徹底了解事情的本質，化複雜事項為簡單，制定出任誰都能正確掌握實際經營狀況的公司內規。

要有一貫性

第四項是，規則要有一貫性。制定新規則時，如果只考量到特定事例，有時候會與既有規則相左或矛盾。所謂的規則，應該基於一貫的想法來制定；每一項規則在制定時必須先檢驗它是否能保有一貫性。

要對全公司公平

公司的內規，必須公平、公正地適用於全公司。這些規則不是適用於個別事業單位，必須根據公司整體的統一想法或標準設定。此外，阿米巴經營的前提之一是，所有部門必須在平等條件下相互切磋琢磨，就這一點而言，公司的內規也必須經常保持對所有部門的公平與公正。

(2) 正確且即時回饋經營資訊

為使經營高層與各部門領導者能夠迅速而正確地做出經營判斷，必須讓他們能夠正確而即時地如實掌握目前的經營狀態。各種經營數字都必須像飛機駕駛艙的儀表板一樣，如實呈現出實際經營狀況。

為此，應該以經營管理部門為中心，設計具體方法與機制，予以運用。

(3) 公司資產的健全管理

健全管理公司資產，與掌握實際經營狀況一樣重要。這裡所指的公司資產包括接單餘額、庫存、應收帳款、固定資產等所有項目在內，是經營公司時的重要資訊。

敝公司根據「一對一對應原則」管理所有物資與金錢，在管理實際成果與餘額數字時，也經常以「一對一對應原則」保持其整合性。

經營管理部門扮演的角色是，根據實際成果做好餘額管理，以及視需要敦促各部門適切管理好資產，藉此促進公司資產的健全管理與運用。

第四章

以第一線為主角的盈虧管理——單位時間核算制度

1 用意在提高全體員工的盈虧意識——部門別核算的概念

以「營收最大、成本最小」的角度看待經營

在此要以京瓷所實行的「單位時間核算制度」的機制為中心，說明在阿米巴經營中，應如何管理盈虧。

如第一章所述，創業時，我幾無會計知識。第一次看到損益表與資產負債表時，我完全不懂印在上頭的數字代表什麼意思。我問了會計人員各種問題，希望多少能理解一點；但由於問得實在太基本，問到連會計人員都覺得訝異。

由於我原本並無經營或會計素養，我不希望把所謂的經營想得太難，而希望盡可能簡單看待它，結果在經營上我找到了一項原理：「只要營收最大化、成本最小化，就結果來說，二者間的差額，也就是利潤，便會最大化」。照著這樣的原理，我經營公司到今天。

這個「營收最大、成本最小」的原理，是單位時間核算制度的基礎。為做

到這一點，管理上的基本事項，首先是必須在提供客戶所需要的產品或服務時，抑制各種浪費、減少支出。

一般來說，我們很容易以為，營收要增加，成本也得要相對增加；但現實未必如此。營收增加時，只要肯絞盡腦汁努力，成本也可能不增加，甚或可能減少。經營的原則在於，一方面要透過各種創意心思增加營收，另一方面又能夠經常徹底做到撙節成本。

為與全體員工一起實踐這樣的原則，必須把制度設計得讓第一線的人容易理解，包括如何才能增加營收，以及成本又是在何處發生、如何發生等等。因此，需要一套簡單易懂的盈虧管理方法。

第一線可活用的管理會計方法

中小企業或小本經營的生意，很多都會因為「公司內部沒有從事會計處理的人力」等理由，而把損益表等財務報表的製作外包出去。每星期或每個月把銷貨傳票或費用的付款傳票等整理好，再交給公司外部的稅務師或公認會計師的事務所。會計師事務所會把各公司的單據全部整理好，幫你製作損益表。多則每個月、少則每半年會代客製作一次財務報表，告訴你盈虧的狀況。但這樣的話，對於這些反映出經營成果的數字，很難產生一種「出自於我們自己之手」的實際感受。

大企業的話，會導入電腦系統，由第一線的各單位輸入資料。這些資料輸入到會計部門的電腦之後，會自動加總、結算。不過，會計單位算出來的結算結果，多半沒有回饋給第一線。結果頂多只會送到高階幹部那裡，告知「這個月變成這樣」而已。很多公司完全不通知第一線的人任何資訊。因此，甚至有公司的第一線人員完全不知道公司的狀態目前如何。

即便把損益表等會計資料直接拿給第一線的員工看，讓他們了解實際經營狀況，由於財務報表對第一線的人來說非常複雜難懂，他們應該也很難從中看出，那到底和自己的工作有什麼直接相關吧。

因此，我們覺得，有沒有可能像一般家庭所使用的家計簿那樣，可以簡單掌握各部門的收支狀況？最後我們設想出來的，就是「單位時間利潤表」。

一開始，是由阿米巴的領導者在表中記錄實際數字而已；但不久後，也在月初設定預期數字。現在，各阿米巴會以單位時間利潤表的形式，呈現出每月自己活動計畫的具體預期數字，再拿來和實際活動中發生的營收與成本等實際數據相比對，藉以管理盈虧。

而且，在單位時間核算制度中，我們設定以「附加價值」的標準看待事業活動的成果。詳細狀況我會在後文談到，不過這裡所謂的「附加價值」，指的是從銷貨金額中扣掉，為生產產品而花費的材料費或機械設備的折舊費用等不包括勞務費在內的所有金額（成本）。為易於了解自己創造多少附加價值，要計算單位時間的附加價值，也就是總附加價值除以總勞動時間所得到的每小時附加價值。這就是稱為「單位時間利潤」的指標。

透過這種「單位時間利潤」的指標等方式，各阿米巴可設定每年或每月等目標，管理實際成果。也就是說，它的設計能夠讓我們在正確掌握相當於自己活動結果的附加價值後，馬上找出問題點、迅速採取改善的行動。

標準成本法與阿米巴經營的不同

許多製造業的製造部門，都以標準成本的計算，做為管理會計的方法。標準成本是一種管理工廠的會計方法，在產品成本的管理、庫存評價、製造部門實際成果評核等方面，扮演著重要的角色。

與京瓷關係密切的大型電機製造商，也有很多採用標準成本的方式。這是以前曾經聽過的事：例如有業者向京瓷這類供應商購買電子零件，再組裝成電視，在會計等單位中，負責成本計算的專業人員，就會計算產品所花費的成本。

此時該如何管理成本呢？先是計算前期成本，然後下達這樣的指示：「前期的成本是這樣，本期就以降低成本到比前期減少一成為目標吧」。接受指示的製造部門，會把成本設定在比前期減少一成的目標上，努力在該範圍內生產產品。但由於只要能夠在目標成本以下生產出產品，製造部門的責任就了結了，因此他們並不會有「我創造了利潤」的感覺。

接著，產品完成後，業務部門由製造部門那裡以標準成本接收產品。在產品的成本上加上利潤後決定售價再銷售，就完全靠業務人員的聰明才智，也是他們的責任。不過，其中會有部分業務人員覺得「市場競爭這麼激烈，賣的時候只能在成本上增加一點利潤而已」，因而沒有考慮公司整體的利潤，就隨便決定售價。這麼做的話，只要再扣掉業務成本，馬上就會虧損。而且，實際決定售價的還不是業務高層，很多時候是業務員根據在秋葉原等地調查出來的結果，就決定售價。這樣會變成讓一個名不見經傳、從事業務工作才沒多久的業務員，決定了公司的經營。

我聽到電機製造大廠的這種經營現狀後，察覺「明明是一家代表日本的製造商，也有很多優秀的員工，為什麼卻是極少數業務員實際決定售價、決定公司的經營呢？」對此，我感到相當愕然。

現在仍有許多企業以標準成本法為基礎，任由部分業務員左右企業經營的售價與利潤管理等活動。這種明明有幾千個、幾萬個優秀員工，卻把一切交給極少數業務員的經營體系，只讓我覺得糟蹋了大部分員工的能力。很多時候，機制的設計乍看之下很有系統，事實上卻未能好好發揮「激發員工能力」的功能。

相對的，阿米巴經營中，會以產品的市場價格為基礎，直接藉由社內買賣將市價傳達給各阿米巴，再根據社內買賣的價格從事生產活動。而且，由於負責生產的阿米巴是獨立的利潤中心，為使產品所定的售價有利潤，阿米巴會負起責任力求降低成本。也就是說，製造部門的阿米巴，使命並不在於根據別人給的標準成本生產產品，而是根據市場價格，利用創意心思降低成本、讓自己的利潤或多或少可以增加。

製造部門占了員工人數的大部分；其員工會因為處於不知道自己所生產產品成本的一般公司，或是處於採用阿米巴經營的公司，而產生天差地遠的盈虧意識。

在阿米巴經營的製造部門裡，並不像標準成本的做法那樣，一味追求最低成本，而是把重點放在製造商原本應該有的樣子，也就是在自己的創意心思下，創造出產品的附加價值。從這一點來看，阿米巴經營也稱得上是徹底顛覆既有管理會計思想的嶄新經營體系。

由利潤表看出阿米巴的樣貌

在擔任社長時，我每次一出差，一定會把單位時間利潤表放進包包裡帶著走；一有空，我就會拿出來看。這麼做，可以讓我有如身歷其境般了解，各部門的負責人或其部屬在工廠一角工作的樣子。

由於我一向都不斷往現場跑，對於生產的品項、材料與製程、設備、生產技術、該阿米巴的領導者及現場的氛圍等等，都能夠充分掌握。因此，只要看著單位時間利潤表的數字，阿米巴的活動狀況、部門的實際情形，以及目前存有的問題點，就會如影像般一一浮現在我的腦海。

有的部門會來告訴我，他們的實際成果有多好；但也有部門會慘叫著跑來找我求助。即便沒有任何人向我報告，單位時間利潤表就能告訴我一切，像是「為何這個阿米巴單位的電費這麼高呢？」或者「為什麼差旅費這麼貴呢？」

為看出阿米巴的狀況，重點在於，如何劃分單位時間利潤表的成本項目。

在一般公司的財務報表中，雜費往往會比其他成本科目的金額要高。雜費之所以是雜費，就是因為它是由種種繁雜的費用所構成，與其他科目相比金額又很小；因此如果金額大到無法忽視，就不該全部加在一起看。後文我會提到，單位時間利潤表的項目比一般財務報表的會計科目還要詳細，因此可以更正確地掌握實際經營狀況。

公司經營中重要的是，平常就必須好好了解第一線的狀況，一面藉由詳細的利潤表，客觀分析各部門的經營狀況、據此經營。單位時間利潤表是第一線員工汗水與努力的結晶，也是正確反映出阿米巴狀況的一面「鏡子」。

集結全體阿米巴及員工之力

在阿米巴經營中，各阿米巴不分組織大小，都必須提升「附加價值」。然而，如前所述，我認為如果太過強調對利潤的貢獻，像其他公司那樣，設置了直接連結到實際工作成果的龐大金錢誘因、藉此激勵員工的話，是很危險的事。

京瓷原本就是一家以全體員工間心與心的連結為基礎、經營至今的公司，也抱持著「個人的能力或才能是為了幫助人類與社會而存在」的想法。因此，不會出現那種實際成果優異的阿米巴單位神氣地在公司裡頤指氣使，或是收取高額獎金做為回報的事情。我們的做法是，對於業績優異的阿米巴，給予來自夥伴的讚賞與感謝做為精神上的榮譽。

此外，對於阿米巴的評鑑，不是藉由接單量、總產量、單位時間利潤等項目的絕對金額，而是視各阿米巴在創意心思下如何拓展這些數字。這是因為我們覺得，對公司而言，最理想的狀況不是阿米巴之間在公司內部相互競爭，而是讓各阿米巴一面力求與相關部門間的和諧，一面自發性地提升實力。也就是說，在阿米巴經營中，行動時應該有的不是「只求自己好」的那種利己的想法，而是為了公司整體的發展，把全體阿米巴、全體員工的力量集結起來。

2 從「單位時間利潤表」當中產生創意心思

阿米巴的盈虧管理

在此以京瓷運用的「單位時間利潤表」為例，概要說明各阿米巴如何進行盈虧管理。

第一三六頁起的圖表，是零件事業製造部門的單位時間利潤表。

把對公司外部的出貨金額「社外出貨（B）」四億圓與對公司內其他阿米巴的出貨金額「社內銷貨（C）」二億五千萬圓相加，求得「總出貨（A）」一六億五千萬圓。再從總出貨金額扣除，從公司內其他阿米巴採購零件與材料等的「社內採購（D）」金額二億二千萬圓，求得代表製造部門阿米巴收入的「總生產（E）」四億三千萬圓。

阿米巴的利潤「銷貨結算額（G）」是從「總生產（E）」四億三千萬圓扣除，阿米巴不包括勞務費在內的所有成本合計「扣除額（F）」二億四千萬

製造部門 單位時間利潤表範例

項目		
總出貨	A	650,000,000
社外出貨	B	400,000,000
社內銷貨	C	250,000,000
商品（賣）	C1	0
商品（買）	D1	0
磁器・零件（賣）	C2	60,000,000
磁器・零件（買）	D2	30,000,000
原料・成形（賣）	C3	95,000,000
原料・成形（買）	D3	90,000,000
燒成（賣）	C4	32,000,000
燒成（買）	D4	30,000,000
外鍍（賣）	C5	0
外鍍（買）	D5	0
加工（賣）	C6	60,000,000
加工（買）	D6	60,000,000
其他（賣）	C7	2,000,000
其他（買）	D7	10,000,000
設備消工（賣）	C8	1,000,000
設備消工（買）	D8	0
社內採購	D	220,000,000
總生產	E	430,000,000
扣除額	F	240,000,000
原物料費	F1	20,000,000
金屬零件費	F2	3,000,000

（*續下頁）

*

項目		
商品進貨額	F3	3,000,000
副資材費	F4	2,000,000
碎屑處分利得	F5	-200,000
內部消工費	F6	1,000,000
金屬模具費	F7	6,000,000
一般外包費	F8	30,000,000
協力廠商費	F9	30,000,000
消耗品費	F10	7,000,000
消耗工具費	F11	20,000,000
修繕費	F12	9,000,000
水電費	F13	10,000,000
瓦斯燃料費	F14	6,000,000
捆包用品費	F15	2,000,000
貨品運費	F16	2,000,000
雜支	F17	5,000,000
其他勞務相關費	F18	1,000,000
技術費	F19	0
修補服務費	F20	10,000
差旅費	F21	2,000,000
事務用品費	F22	300,000
通訊費	F23	200,000
稅捐雜費	F24	2,000,000
實驗研究費	F25	10,000
委託報酬	F26	0

（*續下頁）

*

項　目		
設計委託費	F27	10,000
保險費	F28	300,000
租借費	F29	900,000
雜費	F30	2,860,000
雜收入・雜損失	F31	-200,000
固定資產處分損益	F32	-1,000,000
固定資產利息	F33	5,000,000
庫存利息	F34	10,000
折舊費用	F35	20,000,000
內部諸費用	F36	5,000,000
部內共通成本	F37	-400,000
工廠費用	F38	6,000,000
內部技術費	F39	200,000
業務・總公司費用	F40	40,000,000
銷貨結算額	G	190,000,000
總時間	H	35,000.00
固定工時	H1	30,000.00
加班	H2	4,000.00
部內共通時間	H3	40.00
間接共通時間	H4	960.00
當月每小時利潤	I	5,428.5
每小時生產額	J	12,285

單位：圓、小時

業務部門 單位時間利潤表範例

項目			
接單		A	360,000,000
總銷貨額		B	350,000,000
接單生產	銷貨額	B1	350,000,000
	收受佣金	—	28,000,000
	收益小計	C1	28,000,000
庫存銷售	銷貨額	B2	0
	銷貨成本	—	0
	收益小計	C2	0
總收益		C	28,000,000
費用總計		D	12,000,000
電話通訊費		D1	260,000
差旅費		D2	980,000
貨品運費		D3	3,500,000
保險費		D4	130,000
通關諸費		D5	360,000
銷售手續費		D6	360,000
促銷費		D7	0
銷貨退回額		D8	28,000
廣告宣傳費		D9	130,000
接待交際費		D10	84,000
委託報酬		D11	12,000
外包・服務費		D12	20,000
事務用品費		D13	40,000

（*續下頁）

*

項　　目		
稅捐雜費	D14	75,000
租借費	D15	560,000
折舊費用	D16	130,000
固定資產利息	D17	120,000
庫存利息	D18	19,000
應收帳款利息	D19	3,000,000
進貨商品費	D20	0
內部諸費用	D21	390,000
雜支	D22	56,000
其他勞務相關費	D23	390,000
消耗工具費	D24	210,000
修繕費	D25	95,000
瓦斯燃料費	D26	15,000
水電費	D27	37,000
雜費	D28	110,000
雜收入	D29	-250,000
雜損失	D30	0
固定資產處分損益	D31	0
總公司費用	D32	530,000
部內共通成本	D33	49,000
間接共通成本	D34	560,000
收益結算額	E	16,000,000
總時間	F	2,000.00
固定工時	F1	1,800.00

（*續下頁）

*

項目		
加班	F2	100.00
部內共通時間	F3	30.00
間接共通時間	F4	70.00
當月每小時利潤	G	8,000.0
每小時銷貨額	H	175,000

單位：圓、小時

圓後求得。因此，二者的差額一億九千萬圓就是該阿米巴的銷貨結算額，也就是它的附加價值。再把它除以「總時間（H）」三萬五千小時，求得「當月每小時利潤（I）」是五四二八・五圓。

第一三九頁的圖表，是接單生產的業務部門的單位時間利潤表。

當月的「接單（A）」金額是三億六千萬圓，「總銷貨額（B）」是三億五千萬圓。業務部門的收入「總收益（C）」固然是接單生產的業務佣金與庫存銷售毛利的合計，但由於本例是接單生產，因此不實施庫存銷售。

後面會再詳細說明，接單生產的業務阿米巴的收入，也就是收取的佣金，是以銷貨額乘上佣金率計算的。本例中將佣金率設為百分之八，因此收受的佣金是二千八百萬圓，與「總收益（C）」相當。

從「總收益（C）」扣掉不包括勞務費在內的廣告宣傳費、銷售手續費、差旅費等業務活動所需費用之總計「費用總計（D）」一千二百萬圓後，求得「收益結算額（E）」是一千六百萬圓。再除以「總時間（F）」二千小時，求得「當月每小時利潤（G）」是八千圓。

像這樣算出「單位時間利潤」後，各阿米巴對於自己每小時產生的附加價值就有了正確的認識，也反映在經營活動上。

那麼，這種單位時間核算制度，有哪些特徵呢？以下闡明其要點。

業務部門與製造部門都是利潤中心

在阿米巴經營中，由於業務部門與製造部門各自獨立核算（利潤中心），因此在設計上，阿米巴的全體成員，會為了至少增加一點附加價值、提高利潤而努力。

如前所述，製造部門的利潤是以生產金額當成收入，再扣掉不包括勞務費在內的所有扣除額，算出銷貨結算額。業務部門也是，從相當於收入的總收益中扣除不包括勞務費在內的所有成本，算出收益結算額。如此計算出來的銷貨結算額（業務的話就是收益結算額）再除以總時間，就求得「單位時間利潤」。像這樣，業務部門與製造部門不但都是利潤中心，也都能夠掌握自己的附加價值、為提高其數字而努力。

附加價值的計算，是從收入扣除不包括勞務費的扣除額或成本。之所以不在扣除額或成本中包括勞務費，是因為勞務費具有「不是各阿米巴所能控制」的特性。勞務費取決於公司的用人方針，以及與人事或總務相關的方針，其金額約莫已經固定，因此阿米巴的負責人很難控管勞務費。

因此，不著眼於阿米巴領導者無法管理的勞務費上，而著眼於管理提高生產力時相當重要的「時間」。把相當於附加價值的銷貨結算額除以總勞動時間，就能夠算出每小時所能產生的附加價值「單位時間利潤」。

至於員工的工作所產生的「單位時間利潤」，到底要達到多少才算是好？這個只要各公司自己制定一定的標準即可。例如，以兼職者為主力的公司，每小時利潤如果是三千圓，那麼即使給一千圓的時薪，剩下的二千圓還是可以保留在公司裡做為利潤。

如果員工每小時的勞務費是三千圓，那麼只要以更高的「單位時間利潤」為目標（例如六千圓以上）就行了。從這種角度來看，「單位時間利潤」等於是各阿米巴希望達成某種數字水準的指標。

以金額呈現目標與成果

單位時間利潤表的特徵之一是，所有活動的目標或成果不是以數量，而是以金額表示。社內的各種傳票，都加上物品的數量，以金額記載。因此，公司內部往來時，也不採用純粹「買了幾個」或「做了幾個」的個數基礎，而是採用「採購金額」或「生產金額」這種金額基礎。

金錢是每個人每天都使用的共通度量單位，可以實際感受到日常的生活感。因此，為使在第一線工作的員工也能夠理解，金錢的流動發生在自己的工作中，才將所有傳票都明確記上金額。

創辦京瓷時，每月結算一次的公司還很少見；結算結果都是每半年或每年出爐一次，因此，不知道每個月的盈虧狀況是稀鬆平常的事。以當時的京瓷那種公司規模來說，每月結算本身都還很新奇。而且，月底結帳後，一星期之內就算出當月損益，也很令人吃驚。

此外，結算與會計處理都沒有靠外部的會計師事務所，而是由公司內的經營管理部門製作利潤表，第一線每天都掌握實際數字，進行改善與改良。

我經常會用這份利潤表嚴格審視盈虧狀況。例如，到工廠現場走動時，看到原料或金屬零件掉在地上，我會提醒他們，「你知道這件原料多少錢嗎？這是公司的東西，所以才覺得掉在地上也沒關係吧。如果是你拿自己的錢買的東西，即使只掉一個，應該也會覺得難受萬分吧。如果沒用這樣的想法生產，是不對的。」真的要把工作做好，就不能覺得它是「別人委託的」「受雇才做的」或是「被迫做的」。每次我一到第一線去，都會要員工在看到掉在地上的原料時，要有難受萬分的感覺。

在阿米巴經營中，再怎麼一丁點的浪費，也會當成是自己的東西而不會視而不見。單位時間利潤表也是把金額正確記載到一圓這麼小的單位為止，協助進行精細的盈虧管理。

即時掌握部門盈虧狀況

所謂的經營，並不是靠月底出爐的單位時間利潤表來進行的。每月的核算是每天發生的細微數字之累積，每天都不能怠於創造利潤。因此，單位時間利潤不是在月底計算一個月份的接單、生產、銷貨、費用、時間等數字，而是要每天計算，迅速把結果回饋給第一線。

後文還會詳述，各阿米巴會在月初針對單位時間利潤表的所有管理項目設定預計數字。正因為每天都掌握正確成果數字，也才能夠每天掌握相對於預計數字的進展狀況。因此，相對於預計狀況，接單、銷貨、生產等事項如果在執行上有所延遲，就能馬上擬定達成預計目標的對策。此外，相對於預計費用，如果已經使用了太多費用，也能夠迅速因應，像是嚴格控制花費等等。

每天都針對每一個阿米巴這種小單位審視其盈虧狀況，將可迅速做出經營判斷。像這樣的每日盈虧管理，對於確實達成預定目標以及迅速的經營判斷，有很大的幫助。

提高時間意識、增加生產力

在阿米巴經營中，各阿米巴為努力提升「單位時間利潤」，經常都會意識到「總時間」，不斷藉由創意心思提高生產力。

例如，假設某個部門的每小時勞務費平均是三千六百圓。如此一來，勞務費就是「每分鐘六十圓」，再算下去就是「每秒鐘一圓」。因此，我們在工作時，就必須創造出超過勞務費的附加價值。應該讓職場的成員也充分了解這樣的事實，提高他們對於時間的意識，打造一個經常有緊張感存在的職場。

雖然要減少總時間，但這當然不表示要減少就業規則中所訂定的基本工時。員工即使不加班，每天也會有固定一段時間（八小時）留在公司。即使接單量減少，每天只做五小時的工作，除此之外的時間當然也要算進去。正因為這樣，如何費心運用時間，才會成為管理部門時的重要要素。

假如某個阿米巴自己的工作很少，而相鄰的阿米巴人手不足的話，就能釋出多餘人力支援對方。這段時間經過調撥後，提供支援的部門總時間減少，反之接受支援的部門總時間增加，以整體來說就能有效活用時間。

在京瓷，像這樣的調撥時間，會嚴密地計算到以半小時（三十分鐘）為單位。藉此，將可正確地掌握各部門所花費的時間，繼而盡可能縮短總時間、力求提升「單位時間利潤」。

現代的企業經營中，最受重視的就是速度；如何提高時間效率，是在競爭中獲勝的關鍵。阿米巴經營中的單位時間核算制度，把「時間」的概念帶入了第一線的指標中，讓每一位員工體會到時間的重要性，進而提升他們工作的生產力。這不但可以提升自己部門的利潤，也能夠提高公司整體的生產力、強化市場競爭力。

以單位時間利潤表統一運用管理

各阿米巴的領導者或成員，可以把單位時間利潤表當成是掌握自己主要計畫（年度計畫），以及預計目標與實際成果之用的管理資料。不只如此，各阿米巴的數字累積起來，就成為課、部、事業部等上層組織的數字，最後成為公司整體的數字。因此，計算各阿米巴的單位時間利潤，就是一個掌握全公司實際經營成果的機制。

此外，不光是實際成果數字，針對主計畫與每月的預定計畫，也能夠計算阿米巴的利潤表，最後算出公司整體的計畫數字。

為了像這樣讓公司全體共享「單位時間利潤」的共同指標、在相同基準或規則下予以運用，全公司必須使用統一格式的單位時間利潤表。由於業務部門與製造部門收入的計算方式不同，會使用不同的格式；但各部門內部則要使用統一的格式。

這可以讓公司內無論規模多小的阿米巴，都能一目了然看出問題在哪裡；經營高層也能夠正確地掌握經營之舵。此外，只要在朝會等場合發表各阿米巴或全公司的成果數字，全體員工就能夠正確理解各部門或全公司的經營狀況了。這可以讓員工參與管理的意識增加，實現全公司的透明化經營。

3 京瓷會計原則的實踐

在阿米巴經營中，正確掌握各阿米巴發生的銷貨、生產、成本、時間等實際數字是很重要的。因此，必須建立與運用公司內的規則，以正確而迅速地執行每天的會計處理，其基礎概念就是「京瓷會計學」。

京瓷會計學的根本在於，在會計上要徹底追究本質，回歸到經營的原理則來判斷會計問題。也就是說，不受限於會計方面的常識，而要回溯到事物的本質，以「人應為的正道」做為判斷基礎。

細節請參考我的作品《經營的實學——會計與經營》，在此僅縮小範圍，簡潔講述運用在阿米巴經營上尤其重要的概念。

一對一對應的原則

公司的物品與金錢經常會伴隨著事業活動而移動，但在單位時間核算制度中，正確掌握物品與金錢的流向，是不可或缺的。為此，必須在物品與金錢一移動時，就把呈現其結果的傳票以一對一的方式附加上去、確實做好處理。這樣的事乍看之下很理所當然，但要徹底實施決非易事。

例如，在一般企業的日常業務活動中，往往都是商品先送到顧客那裡，日後才製作傳票。業務員會以輕率的心情覺得「等一下再來製作傳票」，結果因為太忙，不知不覺就忘了。這有時候會因而造成無法回收貨款的情形。像這樣把物品或金錢與傳票分開處理、分開移動，會變得無法掌握「什麼東西在哪裡」的實際狀況，也會妨礙到事業活動。

如果准許這樣的處理方式，不久，會變成容許「傳票操作」或「簿外交易」等惡質的舞弊行為。這種情形一旦恆常發生，所有管理便流於形式，組織整體的倫理也會崩解。

所謂「一對一對應的原則」就是，為防止這樣的事態發生，以一對一對應的方式掌握物品或金錢的移動，透明化地管理。只要物品一移動，一定要製作傳票、檢查傳票，讓傳票同時移動。任誰來看，物品與傳票都是一對一對應的。也就是說，讓它成為一種不可能只有傳票移動，或是不可能只有物品移動的狀態。

再者，在單位時間利潤表中，必須正確顯示一個月期間的實際經營成果。為此，只要生產了某件商品、其銷貨計算在當月的話，也應該把相對應的採購成本或費用在當月算進去。如果收益與成本無法一對一正確對應，每個月的利潤會因為月份的不同而大幅變動，就看不出實際經營狀況了。

嚴格遵守這種「一對一對應的原則」，除了是正確掌握經營數字的必要條件外，也可以防止舞弊與錯誤於未然。

雙重檢查原則

在各種業務中，「雙重檢查」都是為提高業務本身的信賴，以及維持企業組織健全而必須經常嚴格遵守的原則。

這項原則誕生於我經營哲學架構中「以人心為基礎的經營」。人類有時候會犯下只能以「鬼迷心竅」形容的過錯。例如，由於這個月的成果數字說什麼都很難達成，就會忍不住發生操弄數字的情形。由於人類有這樣的弱點，為了保護員工，才設置了經常都有多人雙重檢查數字的管理制度，來防範舞弊或錯誤。

採部門別獨立核算制的阿米巴經營，由於各部門會有很強的提升利潤意識，為使雙重檢查能夠順利運作，重要的是必須設計組織體制與規則。具體來說，從資材的收取、產品的進出貨、一直到應收帳款的回收為止，在所有的業務流程中，都必須有多個人或多個關卡一面進行雙重檢查、一面推動工作。

以一般製造商而言，很多企業都在製造部門內設置採購功能，這應該是出於這種想法吧——設置在製造部門內，將可在採購時更能夠指定資材的詳細規格或品質等等。然而，製造部門直接參與採購對象的選擇或是交涉單價，有時候會發生和往來業者間勾結之類的問題。

為此，京瓷設置了獨立於製造部門之外的資材部門。藉此，製造部門或資材部門會相互點出對方「為何只和特定業者交易？明明另一家業者比較便宜」之類的事，進而防止與往來業者間的勾結。也就是說，藉由讓複數的多個部門相互檢核物品的採購流程，使組織的雙重檢查能夠發揮作用。

除此之外，現金的進出、公司大印的使用、金庫的管理、應收與應付帳款的管理、收付款傳票的製作等等，也一定要在公司內打造由多人或多個關卡檢核的系統，藉以掌握正確的經營數字。

完美主義的原則

現在對於產品品質的要求相當嚴格，甚至已到了「零不良品」的地步；在業務、製造、研發的所有流程中，也不折不扣必須「完美地」做好工作。

這一點，在經營目標的達成上，也是完全相同。京瓷對於接單、銷貨、生產或單位時間利潤等經營目標，並不認同「雖然未達到百分之百，但由於已達成百分之九十九，因此就當成是還不錯」的想法。對於製造、業務的目標，我們要求必須完美達成。

在經營管理等管理部門也是一樣。單位時間利潤表與結算報告等是經營的判斷基礎，只要數字上有一丁點錯誤，就會導致錯誤的經營判斷。因此，在經營數字上，也經常必須追求「完美」。

要落實完美主義固然困難，但正因為在這種狀況下仍保有「追求完美」的堅強意志，錯誤才會減少，目標也才能達成。

肌肉體質經營的原則

阿米巴經營中，強烈要求去除無謂的費用。為此，公司必須是肌肉體質。所謂的肌肉體質，就是全無多餘贅肉的緊實體質。也就是說，不產生利潤的庫存或設備等多餘資產，一律不持有。

其中，為了不讓不良資產出現，也嚴格管理長期滯銷的庫存。我們不將滯銷的東西長期計為資產、計算表象上的利潤，而是因應公司實際狀況，盡早處理滯銷物品，實現資產的瘦身化。

此外，設備投資下的折舊費用或人事費等固定成本也會在不知不覺間變得龐大，我們會細心注意，盡量不使其增加。如果要投資設備，無論其性能多麼出色，也不會輕易就購買新品，而是先在公司內部徹底研究，有沒有可能好好運用既有的設備。

導入最先進的設備固然可以提高生產力，但它帶來的，並非只有從「價格相對性能」的角度看待的經營效率提升而已。如果不停地過度投資設備，也會造成經營體質弱化。由於固定成本一旦發生就不會減少，對於會增加固定成本的設備投資或人力增加，更應該慎重其事。

還有，在阿米巴經營中，我們在採購原物料方面設有「即時購買的原則」。它的概念是「在必要時購買必要的東西，而且只買必要的數量」。如果只購買要使用的量，就能夠珍惜使用目前持有的東西、減少浪費，而且因為沒有多餘的「庫存」，也就不需要支付管理庫存的費用、場地與時間了，以結果來說很經濟。

此外，由於市場變化激烈，一旦持有庫存，在商品規格變更時，也會有無法再使用同樣這些零件或材料的風險。但只要採行即時購買，就能夠迴避這種風險。

提升利潤的原則

企業必須要永續發展。為追求員工在物質與心靈雙方面的幸福，前提在於提升利潤、增加手邊現金、強化財務體質。提升利潤，除了可以增加公司的保留盈餘、增加自有資本比率，也可能當成未來的新投資之用。而且，提升利潤、增加業績也能夠透過讓股價上漲或發放高股息來回報股東。因此，提升利潤可以說是使公司持續繁榮的必要條件。

為此而應該實踐的經營原則，其實非常簡單。

只要徹底做到「營收最大化、成本最小化」就行了。如前所述，在阿米巴經營中，為了在全公司實踐此原則，採用了單位時間核算制度。在單位時間核算制度下，會希望提高阿米巴產生的附加價值「銷貨結算額」；要做到這一點，只要讓營收最大化、成本最小化就行了。此外，只要把銷貨結算額除以總時間，算出「單位時間利潤」就能一目了然看出阿米巴的利潤增加了多少。

要想增加利潤，領導者必須要有為了促進公司發展、帶領大家走向幸福而提升自己部門利潤的堅強意志與使命感。而且，重要的是要把這樣的想法與阿米巴的所有成員共享。領導者與第一線員工唯有在每天的工作中團結一致，力求提高利潤，才能使公司整體的利潤提升。

現金基礎經營的原則

所謂的現金基礎經營，就是實行聚焦於「金錢流向」的單純經營。製造商生產產品、賣給客戶、收取貨款，為此而付出的各種費用，都從中支應。所謂的利潤，指的就是所有原本應付的款項都付清後剩下來的款項。

然而，在近代會計理論中，是以稱為「發生主義」的概念來做會計處理，所以有時候會有收付款項的時間與列計為收益與費用的時點不同的情形。因此，實際的金錢流向與結算報告的損益動向會失去直接連結關係，對經營者來說變成難以了解實際經營狀況。

因此，應該回歸會計的原點，著眼於經營上最重要的「現金」，以之為基礎做出正確的經營判斷。為此，單位時間利潤表中，會把當月事業活動中的金錢流向如實反映在利潤表上（像是在採購資材時根據「即時購買的原則」，在採購的時點就列計所有費用），採取貼近現金流向的會計處理。

公司內部的會計處理或單位時間利潤的規則是，要根據此一「現金基礎的原則」，盡可能去除會計帳上的利潤與手邊現金金額之間的差異。

透明經營的原則

會計是一種把公司的真正樣貌如實向公司內外呈現的東西。因此，重要的是採取透明化的經營，讓從幹部到一般員工為止，都能詳細了解在光明正大的會計原則處理下得到的經營數字。如果能這麼做，員工在掌握實際經營狀況後，將會產生經營者意識；幹部也會因為自己的行動在員工的眼中變得一目了然，而變得必須嚴格自律、表現公平的行為。此外，由於取得投資人信賴是上市公司的重要課題，也必須正確而光明正大地公開會計處理結果。

在阿米巴經營中，由於是以全員參與管理為目標，因此並非只有經營者掌握公司現況，而是著力於全體員工都能看到公司經營狀況的透明化經營。京瓷會在每月月初的朝會中，公開各阿米巴與各部門的實際經營成果；此外，也會透過經營方針的發表或國際經營會議，對外公開京瓷集團整體的狀況，以及未來發展的方向與課題。這可以提高公司內部的倫理、促成全員參與管理、集結全體員工的力量。

4 成果管理的要點

在運用單位時間核算制度時，為求如實反映出各阿米巴的經營狀況，重點在於如何正確而迅速地取得成果數字。因為，若無法正確掌握成果，單位時間利潤表就無法呈現各阿米巴的實際狀況，在第一線工作的人，也就無法意識到「這是我們做出的成果」。

因此，需要一套統一的機制與管理方法，才能正確掌握成果數字。在詳述之前，我先依序說明成為成果管理基礎的三個重點：

1. 把根據部門功能的活動結果正確反映在利潤表上。
2. 公平、公正、簡單。
3. 以「成果」與「餘額」看待事業流程。

把根據部門功能的活動結果正確反映在利潤表上

構成單位時間利潤表的前提是，必須依照各部門的功能，把「收入」「費用」「時間」等活動結果，正確列計為各部門的成果。唯有正確反映出實際經營狀況，阿米巴的領導者與成員，才能萌生對數字的責任感，也會產生「工作值得一做」的感覺。

假如總公司收取了與自己部門的活動無直接關係的太多款項，不但無法掌握阿米巴的正確經營狀況，組織的成員也會變得失去幹勁。

假設有個規模雖小，但拚命努力提升業績的阿米巴，必須上繳大筆的負擔款項給總公司，這樣一來，第一線的員工可能會覺得，即使自己拚命努力，「由於總公司花費過大，還是會造成我們過大的負擔」，因而失去幹勁。

因此，必須有明確的規則或機制來決定各種成果數字是「發生在阿米巴的哪個活動」，或者「是否應該發生」。

公平、公正、簡單

單位時間核算制度的運用規則，如果只配合部分部門的需求而變得不公平的話，員工將無法認同這樣的公司規則。規則若無法對所有部門都公平且公正，就無法順利運用。

例如，對於各阿米巴所生產的產品，必須制定標準或規則，像是應該在什麼時點、什麼狀態下計算「生產成果」等等。

此外，如果規則複雜或困難到不具專業知識就無法理解的地步，將很難成為確定下來的公司規則。因此，重要的是，應該根據原理與原則來制定規則，而且它的意義要明確，也要簡單。

簡單的規則，全體員工就容易理解，也就能夠參與管理。而且，只要在第一線貫徹規則，將可提高經營數字的精確度。

以「成果」與「餘額」看待事業流程

打造成果管理的機制時，不只要掌握發生的數字而已，重要的是，也要沿著事業的流程，經常以「成果」與「餘額」的型態來管理。接單、生產、銷貨等方面的成果，一定會產生相對應的餘額，因此要經常以一對一的關係管理成果與餘額。

接到客戶的訂單後，首先，列計「接單成果」。一直到根據訂單完成產品、列計「生產成果」為止的期間，是以「生產接單餘額」來管理。接著，業務單位從出貨到列計「銷貨成果」的期間，是以「業務接單餘額」來管理。

此外，從列計「生產成果」的時點，到列計「銷貨成果」為止的期間列為「庫存」；從列計「銷貨成果」開始到回收貨款為止的期間列為「應收帳款餘額」，分別管理。在接單生產的狀況下，這些成果管理、餘額管理的流程，可以用次頁的圖表示。

各阿米巴的單位時間利潤表上，只顯示成果數字而已。不過，成果數字是

成果管理與餘額管理的流程

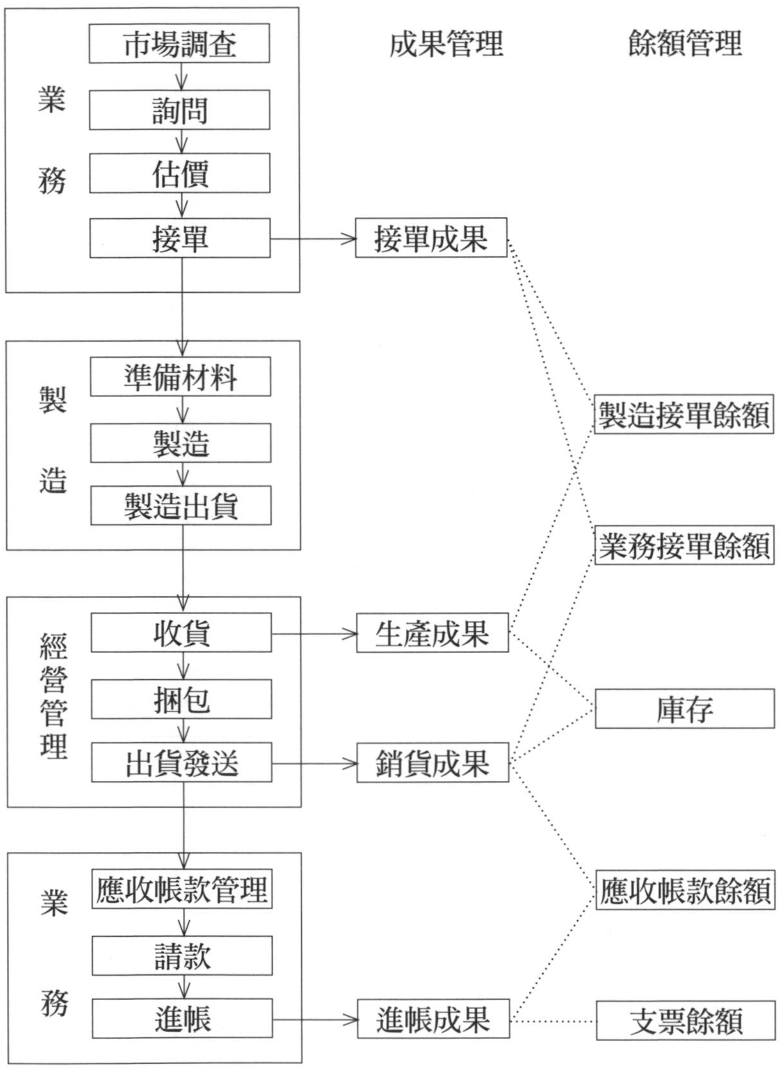

公司的經營數字，各單位都會把它拿來與餘額一起管理；各阿米巴也都經常會意識到餘額的存在。尤其是接單餘額，這是很重要的經營指標，是訂定今後銷貨計畫或生產計畫的前提。

之所以要經常以「二者有相關性」的角度看待「成果」與「餘額」，是為了讓它們在每個瞬間都能成立一對一的關係，這樣公司的經營數字才不會有矛盾之處。

例如，在接單生產的事業中，接單後會有生產產品、出貨、回收貨款的流程。一方面，對於一張訂單，要以「接單金額」、「生產金額」、「銷貨金額」、「進帳金額」等成果數字看成是相關聯的東西；另一方面，也要把與之相對應的「接單餘額」、「庫存」、「應收帳款餘額」等餘額，也看成是相關聯的東西。

像這樣以一對一的方式看待事業流程，除了能夠如實掌握實際經營狀況，也能夠明確得知目前處於何種狀態，以此做為正確判斷的基礎。

5 如何看待收入

計算阿米巴「收入」的三種機制

前一節談到了單位時間核算制度在成果管理的重點，接下來要闡明該如何看待計算利潤時需要的收入、成本、時間等成果。我以京瓷為例說明。

如前所述，京瓷在創業期的事業是以「接單生產」的型態為中心，也就是配合客戶要求的規格生產產品。這種型態比較沒有庫存風險，但相對的，因客戶的不同，產品的規格、交期、價格等也會全部不同，屬於多品類的生產。在變化激烈的市場中，為確切針對如此多樣的產品做好盈虧管理，我們打造了一個能把代表市場價格動向的接單金額直接傳達給製造部門的機制（稱為「接單生產方式」）。

其後，京瓷發展相機、印表機等事業，變成在保有庫存下向一般消費市場銷售商品，而非原本的接單生產。在這種型態下，由業務部門預測銷售數字，自己負起保有庫存銷售的責任。由於是即時提供商品給市場，製造部門不是依照客戶的訂單生產，而變成是接受業務部門的社內下單再生產。

相對於前面的「接單生產方式」，我們把保有庫存、銷售成品的型態稱為「庫存銷售方式」，打造了一個因應事業型態正確計算阿米巴收入的機制。

除此之外，由於阿米巴間會有社內交易，因此再加上「社內買賣」時計算收入的機制在內，阿米巴經營中共存在著三種計算收入的機制。

接下來，針對這些機制的運作方式，我逐一說明。

(1) 接單生產方式

從創業時開始，我一向是以「由客戶決定價格」的市場價格為前提經營至今，因此，不是在加總成本之後才決定產品售價，而是先考量市場價格，再根據那個價格徹底降低成本到能夠產生充足的利益。也就是說，我們一向貫徹的，不是一種「成本＋利潤＝售價」的想法，而是「售價－成本＝利潤」的想法，是一種營收最大、成本最小的經營型態。

在自由競爭的市場經濟中，是由市場決定售價。企業以該售價為基準，運用智慧與努力降低成本、創造利潤。然而，雖然說是以市場價格為基礎，但市場經常變化，市場價格也會隨之每天變化。一個月前是那樣的售價，但不能保證到這個月客戶還會用相同價格向你購買。

為因應激烈變化的市場價格，不光業務部門，公司全體都需要一個能確切掌握市場動向、即刻因應的體制。為此，說什麼都需要一個能直接將市場資訊反映到公司內部的盈虧管理機制。

一般在考量製造業的利潤管理時，很多公司都會視業務部門為利潤中心、製造部門為成本中心，利潤是由業務部門管理。因此，製造部門身為成本中心，很容易把意識集中在設為目標的成本之上。換句話說，無論業務部門打算以多高價格銷售，對製造部門都無直接影響，製造部門幾乎都只要負責降低成本就行了。這樣的話，不可能即時因應市場的動向。

我認為，實際生產物品的製造部門才是利潤的泉源，因此覺得製造部門應該直接收取市場資訊、馬上反映在生產活動上才對。因此，我把對客戶的銷貨金額直接當成相當於製造部門收入的生產金額，以讓市場價格的動向能夠與公司內部製造部門的阿米巴收入直接連動。另一方面，為製造部門與客戶牽線的業務部門，則向製造部門收取相對於銷貨金額一定比例的佣金（手續費），做為收入計算。

此外，在製造部門方面，從對客戶的銷貨金額，也就是一個月期間的「生產金額」再扣除製造活動的費用（業務佣金與製造成本）後的金額，稱為「銷貨結算額」；在業務部門方面，從一個月期間的業務佣金再扣除所需要的費用後的金額，稱為「收益結算額」。由於把「對客戶的銷貨額」看成是「製造部門的生產金額」，製造部門就能夠經常掌握市場價格了。當然，這並非單指「製造部門也能夠計算自己部門的收入與利潤」而已。

如果是一般企業，製造部門會在設為目標的成本範圍內生產產品，認為「利潤是由業務部門創造」；但在京瓷，業務部門向製造部門收取一定的佣金，一方面從中支應業務活動所需的費用，一方面也獲取若干利潤。在這樣的設計下，貫徹的是「利潤的泉源是製造部門」的意識。也就是說，在製造部門

接單生產方式的收入

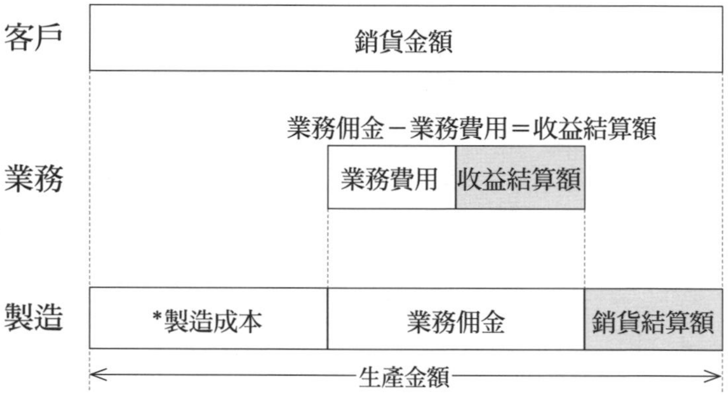

*製造成本……執行阿米巴活動所需的所有費用（不包括勞務費）

因應市場動向提高總生產、降低成本到最低之下，就能創造出更多的利潤。

業務部門的收入以手續費計

那麼，為何要把業務部門的收入設定為從製造部門收取佣金的方式呢？對此，我想說明其背景。

在公司內部採取部門別獨立核算制度時，也可以看成要在業務與製造部門間決定買賣價格。此時，想要賺錢的業務部門，會因為希望提高自己部門的利潤，而盡可能以低價向製造部門進貨。而製造部門也會盡可能以高價把產品賣給業務部門。結果，雙方可能會因為價格的決定而激烈對立、傾向於不去考量事業整體利益。這樣的話，阿米巴徹底實施獨立核算的結果，可能會讓業務與製造部門間起磨擦。

如果是在接單生產的事業型態下設定規則，把生產金額的百分之十設定為佣金，由業務部門向製造部門領取。這種方法下，製造與業務部門間基於價格的對立就會消失。當然，也有人會覺得，只收百分之十的有限手續費，業務部門的士氣可能會下降，但由於銷貨金額一增加，手續費的絕對金額也會增加，因此業務會很有努力的動機。就結果來說，這種方法也可以讓業務部門變得為提升利潤而努力。

業務佣金率，會視事業的型態或經手產品的種類而設定，而且原則上不再變更。假如佣金率因為訂單的不同而不同，不但會變得難以處理，也會因為標準沒有統一，讓大家覺得不公平。如果公司內部出現不公平的感覺，很可能會把獲利狀況不好的原因推到佣金率之上。設定好的佣金率，就當成是公司內部的規定，應該在這樣的佣金率下追求利潤。

數字的變動傳達出市場動向

那麼，我們就照著這種接單生產方式實際套用數字看看吧。

例如，成本六十圓的產品一個賣一百圓，賣了一萬個。銷貨金額是一百萬圓，製造部門的生產金額也是一百萬圓。業務部門收取銷貨百分之十的業務佣金，也就是十萬圓；這是業務部門的收入。另一方面，製造部門從生產金額一百萬圓中扣除生產所花費的成本六十萬圓與業務佣金十萬圓後，得到三十萬圓（＝一百萬圓－（六十萬圓＋十萬圓））的銷貨結算額。

然而，假設由於市場競爭激化，該產品的售價掉到一個九十圓。製造部門的生產金額減為九十萬圓，業務佣金變成九萬圓。製造成本如果還是一樣每個六十圓的話，製造部門的銷貨結算額會變成二十一萬圓，馬上就少了九萬圓的收入。也就是說，在售價改變的瞬間，製造部門就已經明快地知道，對於自己的利潤會有何種影響了。因此，製造部門為回復原有的利潤，就能馬上採取降低成本的做法。

相對的，在一般採用標準成本計算的公司，多半都是由業務部門從製造部門那裡以製造成本做為進貨價格買進產品。因此，公司內部只有業務部門能夠掌握盈虧狀況，敏感地因應市場價格的下跌。在盈虧上未受直接影響的製造部門只要沒有改變進出貨價格，就無法因應這樣的事態。當然，光靠業務費用的刪減，稱不上是改善盈虧的根本性對策。製造部門的遲於因應，會讓盈虧狀況更加惡化。

在經營要求速度的今天，對於市場變化的敏感度差異，漸漸會如實呈現在企業實力的差異上。讓製造部門意識到市場實況，可提高其盈虧意識，經常性地強化其體質。

由於製造部門的盈虧會因為售價的變化而大受影響，不光是自己部門成本刪減，就連應該與客戶以何種價格交涉，以及今後的接單動向如何等等，都會變成必須和業務部門一同思考與行動。其結果是，實踐了產銷一體的經營。

(2) 庫存銷售方式

在既有接單生產方式下，由於採取的是接單後生產、直接交貨給客戶的型態，因此幾乎不需要銷售門市或批發等物流網。然而，京瓷朝各種領域推動多角化後，發展出相機、印表機、再結晶寶石等運用物流網銷售到廣大市場的事業。因此，也需要保有庫存銷售的所謂「庫存銷售方式」。

在阿米巴經營的庫存銷售方式中，業務部門與製造部門商量後，決定商品的期望零售價，並在各物流階段設定價格模型，決定京瓷的銷售價格及業務、製造間的社內買賣價格。在庫存銷售方式下，從實際銷貨金額扣掉製造部門的出廠價格就是業務部門的收入，也就是所謂的毛利。

不以成本進貨價提供產品

如果像一般製造商那樣，在業務與製造部門間以成本進貨價移轉產品，製造部門會根據過去的製造成本預先設定標準成本，再以之為基礎進行身為成本中心的生產活動。因此，製造部門腦中只有管理成本的想法，對於盈虧並無意識。而且由於市場動向沒有直接傳遞進來，對於意料外的市場價格變動，很難彈性地改變成本目標。

相對的，阿米巴經營下的庫存銷售方式，採用的不是把製造所需的成本加起來的成本進貨價，而是隨市場價格的不同，把出廠價格設定為由業務與製造部門共同決定的社內買賣價格。因此，就像是業務部門根據市場動向與銷售預測向製造部門下單一樣，可以針對業務與製造部門間進行接單與下單的管理。藉此，業務部門可以在客觀判斷市場變化後下達生產指示，再由製造部門根據

庫存銷售方式的收入

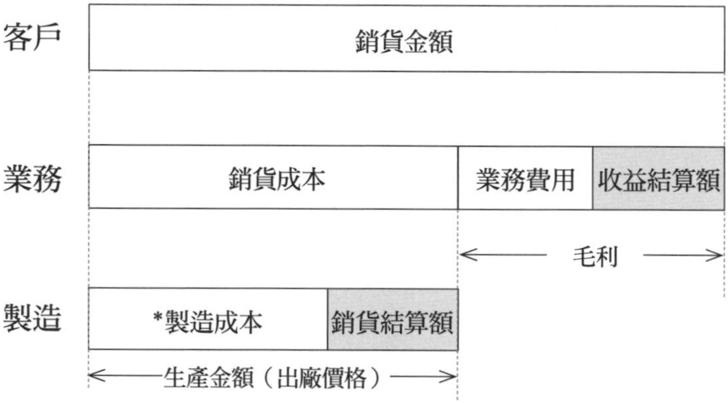

*製造成本……阿米巴執行活動所需的所有費用（不包括勞務費）

指示生產。

此外，由於製造部門也可以把根據出廠價格計算的社內銷貨列計為收入，當然也就能夠管理自己的盈虧。其結果是，身為利潤中心的製造部門，可以集結全體成員的力量，力求提高自己的利潤。

在阿米巴經營的庫存銷售方式下，市場價格只要下跌，業務與製造部門間的出廠價格也會降低。如此一來，製造部門的阿米巴為防止盈虧狀況惡化，也會自己推動成本的刪減、積極著手於改善盈虧。

像這樣，由於庫存銷售方式也和接單生產方式一樣，市場價格的下跌訊息可以直接傳遞到公司內部、反映在各阿米巴的盈虧上，因此各阿米巴可以直接感受到市場的變化，迅速採取維持或提升利潤的行動。

庫存管理是業務單位的責任

在庫存銷售中，重點之一在於，為確保公司資產的健全，要設法把庫存控制在最少的程度。一般而言，製造部門只要生產產品，就能增加生產成果。因此，如果只考量到短期的利潤，而不注意市場動向拚命生產的話，可能會有一回神庫存已經堆積如山的風險。

為防範這樣的事態，在阿米巴經營中，由業務部門下單、製造部門完成生產後，再交給業務部門的庫存，業務部門要負責處理。為負起責任，業務部門會為了把庫存控制在最小規模而精確分析市場動向、盡可能正確地預測銷售及售價，再透過社內下單的方式，以適切的價格向製造部門訂購必要的數量。因此，一旦銷售預測或價格預測出問題，非得要處理滯銷庫存，或是必須沖銷庫存時，都是由業務部門負責。

此外，在單位時間核算制度下，會把對於庫存的社內利息設定得比市面利息要高，視之為業務部門的費用徵收，把業務部門對於庫存的責任與負擔管理得更明確。業務部門負起責任管理庫存後，一方面能夠把公司庫存控制在最小規模，一方面又能夠拓增營收。

業務成本最小化

採行接單生產方式的業務部門由於直接對客戶銷售，可以少花一些業務成本，因此設定較低的佣金率，從中支應業務費用後仍留有利潤。相對的，庫存銷售時，由於透過銷售門市等物流通路銷售商品，庫存風險較高，會變成需要廣告或宣傳，也必須提供促銷費給銷售門市或代理商，因此和接單生產方式的業務部門相比，勢必會發生許多業務費用。

我經常聽到一般公司有這樣的狀況：毛利較高的部門即便花掉一點費用，和其他部門相比仍有充足利潤，因此會把費用浪費在過度接待客戶上，結果讓公司整體的獲利因而變低。

在阿米巴經營中，無論庫存銷售或接單生產，都是依照經營的原理與原則，把業務上花費的費用控制在最小。尤其是庫存銷售的業務部門，由於銷售費用勢必會比接單生產下增加，有時候會因為設定較高的毛利率，不知不覺間引發費用膨脹。為防範這樣的事情，要經常節省所有無謂開支，不能怠於把費用控制在最小限度。

(3) 社內買賣

從產品完成到出貨為止，物品會在公司內部歷經各種流程。在阿米巴經營中，這些流程間的往來，也像公司外的市場一樣進行交易。「社內買賣」就是一個計算這類物品與金錢在流程間流動的機制。

在一般採用事業部制的企業中，事業部間的買賣即便會依照市場價格為之，但製造流程間的買賣多半會依照成本或時數（工時）計費移交。在前一個流程為止的成本上，再加上自己流程中發生的成本。不過，在阿米巴經營中，不會採用這種成本基礎的流程間交易。雖然是社內的交易，每個阿米巴依然是一個企業體，必須從交易中獲取利潤、獨立自主經營。

因此，和與社外的業者交易一樣，阿米巴間在買賣中交付材料、半成品或產品時，都會以「社內銷貨」「社內採購」的名目列計實際數字。當然，此時的買賣金額，是由各阿米巴在考量到自己的經營下，分別交涉。不過，重要的是，雖然是在公司內部，各阿米巴也不是隨便設定自己的利潤，而要以市場價格為基礎決定售價。而且，所有阿米巴的價格、品質與交期，都必須在市場觀點下接受檢驗。

由於是像這樣把市場原理滲透到製造流程中，阿米巴的競爭力勢必會提高。而且，阿米巴對於利潤的追求，也同時可以確保提供給下一項流程的品質。

例如，如次頁圖示般，有A、B、C三個流程。假設負責最終出貨的流程C組自業務部門接到了一百萬圓金額的訂單。流程C組向上一個流程、流程B組下單採購七十萬圓的材料與半成品。流程B組也一樣，向流程A組下單採購三十萬圓的材料與半成品。

流程A組根據訂單上的量，把材料與半成品出貨給流程B組，並列計三十萬圓的「社內銷貨」，有三十萬圓的總生產。同樣的，流程B組的總生產是對流程C組的七十萬圓「社內銷貨」，再扣掉對流程A組的三十萬圓「社內採購」，所得到的四十萬圓。至於流程C組，在列計一百萬圓的社外出貨同時，

阿米巴間的社內買賣

社內下單 ←
物品與金錢的流向 ⇔

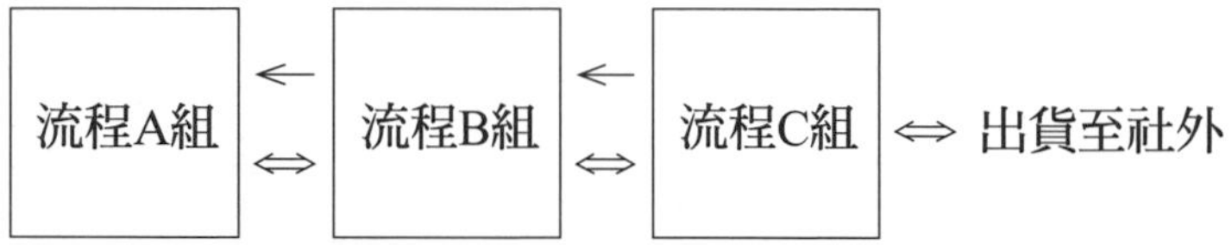

	流程A組	流程B組	流程C組	製造課總計
社外出貨			100	100
社內銷貨	30	70		100
社內採購		30	70	100
總生產	30	40	30	100

單位：萬圓

也列計向流程B組的七十萬圓「社內採購」。因此，二者相減的總生產是三十萬圓。

像這樣，物品在阿米巴間流動時，不是依照所謂的成本基礎，而是依照加上自己附加價值在內的社內買賣價格交付，而阿米巴就是在這樣的流程下進行獨立經營。

給業務單位的手續費也由各阿米巴公平負擔

各流程間的社內買賣，在機制上不光為相當於收入的生產金額支付社內佣金，也向身為下單者的次階段流程支付社內佣金。這麼做，是為了把最終流程的製造部門支付給業務部門的業務佣金，公平由各流程負擔。

實際上，流程A組對於流程B組列計社內銷貨時，對於三十萬圓的生產金額，會支付業務佣金率百分之十的佣金三萬圓。同樣的，流程B組從流程A組那兒收取三萬圓佣金，同時也向下一階段的流程C組支付七萬圓佣金。流程C組從流程B組收取七萬圓佣金，支付十萬圓的業務佣金。

藉由這樣的機制，如同相當於各阿米巴收入的生產金額（社內銷貨、社內採購），在業務佣金方面，也是在公平的規則下由各阿米巴負擔。

考量每個品項的盈虧狀況

各阿米巴間不是以成本基礎，而是以製造成本上加上自己部門的附加價值後的金額進行買賣；此時，重要的是，阿米巴間價格的決定。價格的決定並無可充當標準算式之類的社內規定，而是與公司間的交易相同，由阿米巴的領導者們透過交涉決定。如第二章所述，各阿米巴領導者根據市場價格，決定各阿米巴都能接受的社內買賣價格。

此時，要考量到買賣的每個品項的盈虧狀況，嚴密地決定價格。對於接自客戶的訂單，社內買賣的價格都是以一對一的方式設定，因此無法以「這個賣貴一點，那個賣便宜一點」之類的搭售方式隨便亂買賣。這是因為，如果無法以一對一的方式依照各品類掌握每天變動的售價或成本，製造部門整體將無法針對客戶的訂單做盈虧管理。

業務佣金的負擔額

	流程A組	流程B組	流程C組	製造部門總計	業務部門
社外出貨			100	100	
社內銷貨	30	70		100	
社內採購		30	70	100	
總生產	30	40	30	100	
支付佣金	3	7	10	20	
收取佣金		3	7	10	10
業務佣金負擔額	3	4	3	10	

單位：萬圓

像這樣，各阿米巴在考量到自己所處的狀況，也就是考慮到市場價格、生產力或良率等因素後，一面模擬每一品項的盈虧，一面決定價格；在這樣的過程中，各阿米巴的領導者會漸漸培養出身為經營者的商業才能。

然而，阿米巴與阿米巴之間，也可能會有在利害關鍵上對立、發生糾紛的時候。這種時候，統領兩個阿米巴的負責人，必須經常做出公平而正確的判斷。如果只聽一邊的說法就決定，不但會變得不公平，各阿米巴也會變得意識不到自己對於盈虧的責任，因此主管必須詳細聆聽雙方的說法，從「何者有理」的角度給予指導。主管務必要扮演做出公平而適切的判斷、調整全體的角色。因此，最後下判斷的經營高層、事業部長等等，必須兼具能讓阿米巴的領導者們信服的正確判斷標準與傑出人格。也就是說，能否領會到公司的經營哲學很重要。

在公司內形成市場動態機制

阿米巴間進行買賣時，多少會牽涉到公司內如傳票處理之類的事務性作業。不過，刻意做這些事的用意在於，透過業務與外部市場連繫，把市場動向傳達給各製造流程。如果在業務部門向客戶接單的階段售價就下跌了，自然會對各流程間的買賣造成莫大影響，因此各阿米巴馬上會被迫必須刪減成本。

還有，由於各種阿米巴會在公司內反覆進行買賣，因此公司內部也會形成市場。例如，如果有多個阿米巴同時能做相同的加工，就可以和提出有利條件的阿米巴交易。

此外，公司內的阿米巴如果在成本或品質方面有問題，也可以委託公司外部來解決。於是，市場在公司內部形成後，將可養成阿米巴間的競爭意識，最後將可提高公司整體的競爭力。

6. 如何看待成本——正確掌握實際狀況、鉅細靡遺的管理

前文已提過，「營收最大化、成本最小化」是經營的訣竅。這裡要講的看待成本的方式，與「成本最小化」這個經營原則有密切的關係。

要使成本最小化，經營高層固然必須帶頭刪減成本，但與此同時，第一線的所有員工，也必須要有「控制成本」的強烈意識才行。因此，前提在於，要設計一個能夠正確掌握實際狀況的機制，了解自己在第一線花了什麼成本，又花了多少成本。

在單位時間利潤表中，把焦點鎖定在第一線盈虧管理時的重要成本上，設定成本項目。單位時間利潤表中的具體成本項目，如本書一九二至一九三頁所示。

在購買時計算成本

在單位時間核算制度中列計成本時，有幾項應該遵守的規則，在此先做說

明。

首先，在單位時間核算制度中，與阿米巴相關的每月所有支出，都計為成本。如果是製造部門阿米巴，則包括採購的材料、電費、設備的利息、外包加工費、修繕費等生產活動所花費的成本。此外，間接共通成本與業務佣金等等，也是阿米巴的成本。不過，由於在單位時間利潤表中，會在損益表之外計算「每小時附加價值」，因此在成本項目中不包括勞務費。這一點，後文將會說明。

第二，關於採購品的成本，根據前述的「現金基礎原則」，在採購時全數列為當月成本。以原物料為例的話，在阿米巴採購原物料、進行驗收時，所有採購用的原物料費用，都列計為成本（採購即時成本）。這是因為，為了在現金基礎下管理每月活動，不以使用了多少原物料來計算成本，而以當月採購多少來計算成本。

不過，通訊設備、資訊設備、相機等設備，由於一種模型需要各種零件，如果不在所有零件一起投入的時點計算成本，每月的盈虧會大幅偏離實際狀

製造部門 單位時間利潤表項目

項　目	
總出貨	A
社外出貨	B
社內銷貨	C
商品	C1
磁器・零件	C2／D2
原料・成形	C3／D3
燒成	C4／D4
外鍍	C5／D5
加工	C6／D6
其他	C7／D7
設備消工	C8／D8
社內採購	D
總生產	E
扣除額	F
原物料費	F1
金屬零件費	F2
商品進貨額	F3
副資材費	F4
碎屑處分利得	F5
內部消工費	F6
金屬模具費	F7
一般外包費	F8
協力廠商費	F9
消耗品費	F10
消耗工具費	F11
修繕費	F12
水電費	F13
瓦斯燃料費	F14
捆包用品費	F15
貨品運費	F16
雜支	F17
其他勞務相關費	F18
技術費	F19
修補服務費	F20
差旅費	F21
事務用品費	F22
通訊費	F23
稅捐雜費	F24
實驗研究費	F25
委託報酬	F26
設計委託費	F27
保險費	F28
租借費	F29
雜費	F30
雜收入・雜損失	F31
固定資產處分損益	F32
固定資產利息	F33
庫存利息	F34
折舊費用	F35
內部諸費用	F36
部內共通成本	F37
工廠費用	F38
內部技術費	F39
業務・總公司費用	F40
銷貨結算額	G
總時間	H
固定工時	H1
加班	H2
部內共通時間	H3
間接共通時間	H4
當月每小時利潤	I
每小時生產額	J

業務部門 單位時間利潤表項目

項目		
接單		A
總銷貨額		B
接單生產	銷貨額	B1
	收受佣金	—
	收益小計	C1
庫存銷售	銷貨額	B2
	銷貨成本	—
	收益小計	C2
總收益		C
費用總計		D
	電話通訊費	D1
	差旅費	D2
	貨品運費	D3
	保險費	D4
	通關諸費	D5
	銷售手續費	D6
	促銷費	D7
	銷貨退回額	D8
	廣告宣傳費	D9
	接待交際費	D10
	委託報酬	D11
	外包・服務費	D12
	事務用品費	D13
	稅捐雜費	D14
	租借費	D15
	折舊費用	D16
	固定資產利息	D17
	庫存利息	D18
	應收帳款利息	D19
	進貨商品費	D20
	內部諸費用	D21
	雜支	D22
	其他勞務相關費	D23
	消耗工具費	D24
	修繕費	D25
	瓦斯燃料費	D26
	水電費	D27
	雜費	D28
	雜收入	D29
	雜損失	D30
	固資產處分損益	D31
	總公司費用	D32
	部內共通成本	D33
	間接共通成本	D34
收益結算額		E
總時間		F
固定工時		F1
加班		F2
部內共通時間		F3
間接共通時間		F4
當月每小時利潤		G
每小時銷貨額		H

況。還有，對於高價貴金屬等採購資材，在採購批量與每月使用量間有落差時，如果在採購時就列計所有成本，每月的盈虧也會大幅偏離實際狀況。

這種時候，要在徵得主管同意下，視資材的使用量列計成本，也就是認同「依使用量列計」。在依使用量列計成本時，一定要記得每個月確認零件與材料是否有適切的庫存量，以及其中沒有滯銷庫存的存在。

第三，不直接連結到阿米巴活動上的成本（間接共通成本等），固然是阿米巴無法直接管理的成本，但應該依照大家能接受的標準由各阿米巴分攤。

受益者負擔

在阿米巴經營中，因為成本的發生而獲得某種利益的部門，原則上必須負擔該筆成本，這稱為「受益者負擔原則」，生產活動與業務活動中直接花費的成本自是如此，但就連間接部門的共通成本，也要在公平標準下分擔。獲得利益的受益部門與應負擔的成本金額足夠明確時，依照「受益者負擔原則」，該筆成本就直接列為受益部門的成本。

在阿米巴經營中，間接部門是成本中心，因為沒有收入，因此對於間接部門等單位發生的共通成本，全都算在直接部門頭上。這種時候，要依照生產金額、出貨金額、人員分配、使用面積、受益頻率等因素，公平按比例分配成本。此時也一定要依照「一對一對應的原則」製作傳票、移轉實際成本。

為將間接部門的成本依比例移轉到阿米巴，間接部門在月初要設定當月預計發生的成本，告知各阿米巴預計會移轉過去的成本。阿米巴接受告知後，也會設定自己部門的預計轉入成本。

聽說有不少公司都在事業部的層次實施像這樣的成本移轉，但是在阿米巴經營中，是在最小經營單位阿米巴之間進行，因此可提高核算的精確度。把成本移轉到人數不多的阿米巴單位為止固然需要精細的事務作業，但為求讓第一線的員工正確認識自己的經營狀況、進而將成本最小化，這樣的作業不可或缺。

此外，透過這樣的成本移轉，也能夠喚起大家對成本的意識，以及檢測間接部門是否肥大化。如果月初時預定的間接部門移轉成本到了月底的實際數字大幅增加，當然會對各阿米巴的盈虧帶來影響。因此，阿米巴必須向間接部門了解為何轉入成本增加了。京瓷就是這樣經常由直接部門檢測容易肥大化的間接部門，才得以實踐不浪費的肌肉體質經營至今。

如果領導者覺得轉入的共通成本是很大的負擔，認為「這樣的話，再怎麼刪減其他成本，效果也有限」的話，他們會失去對刪減成本的幹勁。阿米巴經營是以第一線為主角的經營，間接部門怎麼說都應該維持在「小而美政府」的狀態比較好。

勞務費的處理

單位時間核算制度，原本就是一種計算員工每小時勞動能夠產生多少附加價值的制度；這制度不把人視為成本，而視為產生附加價值的泉源。因此，也不把勞務費當做是成本，只計算阿米巴的總勞動時間，再拿相當於附加價值的銷貨結算額除以總時間，求得「每小時利潤」。

當然，我們也不能無視於勞務費的存在。領導者知道每小時平均勞務費是多少，只要阿米巴的「每小時利潤」比每小時平均勞務費還低，該阿米巴就虧損；超過的話，就有盈餘。因此，各阿米巴領導者會經常注意「每小時」（單位時間）的損益兩平點大概在什麼地方。

對於人數不多的阿米巴的單位時間利潤表，如果把勞務費包括在成本中，會發生問題。每個阿米巴的勞務費一旦曝光，成員中有高薪資者的阿米巴，利潤就會減少；反之，成員中有低薪資者的阿米巴，利潤就會增加。如此一來，或許會有人認為「利潤變差的理由，在於成員中有人薪資太高」。而且，如果只注意勞務費，也可能會無法發揮阿米巴原本的功能，也就是對所有經營層面採取改善或改良的措施。

由此觀之，單位時間核算制度中，並不著眼於各阿米巴的勞務費，而著眼於總時間，再從每小時附加價值的觀點進行盈虧管理。此外，最近對於製造或業務部門在「課」以上的單位，我們也會製作把勞務費包括在成本項目中的損益表，計算稅前利潤，再當成綜合性的盈虧管理資料來活用。

細分成本項目

前文提到，單位時間利潤表，在設計上是為了讓第一線易於管理盈虧。但要將成本控制在最低限度，必須再把利潤表中的成本項目更加細分。

至於為什麼要細分，我來以陶瓷零件的製造流程為例說明吧。原料部門把調配好的原料拿來成形部門進行社內買賣。成形部門讓陶瓷成形，再送到燒成部門的爐子去，然後燒成品又運往下一階段的流程。這種時候，如果想刪減電費，由於「水電費」這個成本項目包括水費等成本在內，因此無法明確得知電費實際上是多少。於是，必須先把水電費分解為電費與水費。

接著，電費也必須依部門別與流程別計算各發生了多少費用。雖說要減少電費，但如果不知道每個部門與流程各有多少電費，也無從得知該從哪裡減少起，效果也不會明確。

因此，要為原料、成形、燒成等流程分別安裝電錶，視電力的使用狀況分攤成本，就能得知各阿米巴花了多少電費了。像這樣得知各部門實際花了多少成本的金額，相當重要。還有，如有必要，只要能在更詳細的管理下得知哪台設備用了多少電，成本的刪減將會更有效果。

此外，假設某個部門的「差旅費」變多了，必須要刪減交通費。但差旅費這種全部算在一起的成本項目，看不出該把刪減成本的重點放在哪種交通費上。因此要收集傳票，把差旅費細分到機票費、電車費、計程車費、住宿費等細目為止。這樣的話，就能一目了然看出該刪減哪個細目了。

或者，也可以考慮每個月設定個人的預計差旅費，由領導者指導大家更有效地運用差旅費，帶大家逐步刪減差旅費。如果沒有研究成本到這麼詳細的地步，將無法做到「成本最小化」。利潤表上的成本項目，必須視需要細分，這是實施合乎實際狀況的刪減方式時所不可或缺。

如果希望能像這樣將成本最小化，領導者就必須確切掌握自己這個阿米巴的成本是如何發生的。否則，領導者將無法採取提升利潤的具體對策。單位時間利潤表的各項目，固然是掌握每天實際經營狀況時不可缺少的指標，但領導者應該更細膩地分析成本項目，把成本管理貫徹到細節為止。

7 如何看待時間——注意部門的總時間

在職場催生出緊張感與速度感

在單位時間核算制度下，為求算出各阿米巴的「單位時間利潤」，必須掌握成員的總時間。所謂的總時間，以製造部門的單位時間利潤表來說，就是隸屬於各阿米巴的員工在一個月期間的基本工時、加班時間、部內共通時間、間接共通時間之合計。

此外，如果阿米巴間有人力上相互支援等情事，成本要同樣依照實際時間移轉（轉入的時間列於利潤表的基本工時、加班時間欄目中）。各事業部的共通部門總時間，也要在各阿米巴間分配（部內共通時間），各工廠內的間接部門的總時間，也要依比例分配（間接共通時間）。為掌握每個成員前一天的實際時間與月初至今的累計實際時間，每天都必須把總時間回饋給阿米巴。

不過，兼差者的勞務費，不用於時間管理上，而視為成本看待。因此，兼差者的勞動時間並不包括在單位時間利潤的總時間裡。

針對這一點，要注意的是，如果增加兼差者、減少正職員工，成本固然會增加一些，總時間也會減少，看起來好像提升了「單位時間利潤」，但不能夠因為這麼隨便的理由，就大量起用兼差者。對於兼差者的雇用，必須在考量到未來事業發展或組織營運後做出綜合性的判斷，因此必須取得主管同意。

在利潤表中，由於是以每小時的附加價值為指標，在每天的經營活動中，時間的概念是計算盈虧的重大要素；此時，重要的不是製造上花費的時間（投入時間），而應該著眼於該部門的總時間。這是因為，除了實際進行製造活動的時間外，其他時間也對盈虧有莫大的影響。因此，阿米巴領導者或成員，就能自行體會到「時間的重要性」了。

當然，以總時間為標準，並非只以刪減加班時間為唯一目的。而是要讓第一線每個員工都產生時間的概念，都意識到時間，藉此在職場中醞釀出緊張感與速度感，打造出一個員工主動提高生產力的職場文化。為了讓全體員工能夠像這樣減少時間的浪費、多少提高一些生產力，重要的是，要徹底在時間的運用方式上多花心思。

第五章

打造燃燒熱情的團隊

1 在自己的意志下創造利潤

(1) 訂定年度計畫

阿米巴經營中，盈虧管理的循環，是以單位時間利潤表下以月為單位的管理為中心，每個月分別訂定預計數字、記錄實際數字，確實進行相對於預計數字的進度管理。成為本月預計數字基礎的，是稱為「主計畫」的年度計畫。

主計畫應該是在整合公司整體的方針，以及各事業部的方針與目標後，反覆經過嚴密的模擬才擬定內容。它顯示出領導者的意志：「這一年期間我希望這樣去經營。」

要率領員工、經營公司，就必須設定具體目標。為使銷貨、總生產、銷貨結算額、單位時間利潤等經營目標明確，重要的是，要以具體數字訂定目標。而且，目標不能只是公司整體的數字而已，還必須詳細拆解到各阿米巴單位為止。理由在於，如果沒有大家共享的明確目標，每一位員工會往自己想走的方向而去，大家會無法往領導者指示的方向集結力量，也會無法達成組織目標。

不過，目標如果是五年後、十年後這種長期計畫，也沒有多大意義。這是因為，在變化激烈的經營環境中，你根本無法充分預期市場會如何變化。因此，為使公司在不透明的經濟狀況下也能一面看準未來一面經營，京瓷除訂定「滾動式計畫」（rolling plan）外，也製作精確度更高的一年計畫做為「主計畫」，當成經營公司的基礎。在各年度開始前，所有阿米巴必須依照經營高層或事業部長所指示的經營方針或目標，訂定自己的主計畫。

藉由目標的設定統一方向

訂定主計畫時，各部門的負責人必須先根據公司的方針，詳加考量「對於自己所掌控的事業，應扮演何種角色？必須使其成長多少？」的問題。而且，各事業部長還必須在腦中想像「這一年要如何推動事業」，再把自己的「想法」化為具體方針、目標，以及用於達成的策略，明確地告訴各阿米巴的領導者。

接著，各阿米巴的領導者要依照事業部的方針與目標，訂定自己部門的主計畫。主計畫要設定的，不但包括從自己阿米巴角度出發、伴隨著對下一期的市場預測或產品計畫的銷貨、生產、單位時間利潤等目標，還必須描繪出包括設備與人員等在內的藍圖，以每個月的具體數字來表示。因此，要訂定的不是「較前期成長幾個百分點」那樣的形式計畫，而是根據具體的事業計畫與策略，在多次模擬下才訂定的計畫。

各阿米巴主計畫中的數字，會在事業部的層次累計。計算時，事業部長身為該事業高層，必須確認，自己心目中覺得「我的事業部希望做到這樣」的數字，與各阿米巴提出的數字之總計，是否吻合。如果各阿米巴提出的數字較低，事業部長必須傳達「希望做到這樣」的強烈願望，要求各阿米巴重新估算，一直到數字增加到雙方都能認同的水準為止。此時，各阿米巴在訂定自己所宣告的方針與目標時，應該要訂得讓自己也能夠打從心裡認同「這是我們的方針與目標」，繼而拿出幹勁。

如此完成的主計畫，是事業部長或阿米巴的領導者「希望做到這樣」的願望之結晶。為竭力實現目標，無論遭逢任何困難，都要有「絕對達成目標」的強烈意志與使命感，我稱之為「抱著強烈地持續下去、一直滲透到潛意識為止的願望」。領導者必須抱著這種強烈的願望，與部屬共享。

只要無時無刻都在思考「如何才能達成經營目標」，那樣的願望不久就會滲透到潛意識去。強烈地持續著的願望，如果能夠滲透到潛意識的地步，就是達成主計畫的原動力。領導者一而再、再而三地把自己燃燒著的強烈願望與使命感向成員訴說，主計畫才能真正成為全體共享的目標。

(2) 以月為單位的盈虧管理

每月盈虧管理的循環，是從月初時依照市場動向、接單狀況、生產計畫詳細檢討，以及由各阿米巴訂定預計目標開始的。

本月的預定目標，是各阿米巴把「當月要從事什麼活動」的意志化為數字呈現的東西。因此，不是單純計算當月的預計銷貨或生產量而已，而是領導者訂定自己想要達成的目標，與大家約定達成它。

在訂定預定計畫時，重要的是詳細掌握上一個月的實際成果，回顧有沒有什麼問題存在。必須在這樣的反省下，將這個月必須採行的對策納入本月預定計畫中思考。也就是說，必須預估在力求達成當月預定目標時會碰到什麼問題，然後在詳細模擬如何克服該問題後，再去擬出預定計畫。在擬定預定計畫的階段，如果對於當月要採取的行動方案未能明確，就很難確實達成預定計畫了。

根據年度計畫制定目標

為什麼要以月為單位，藉由預定計畫與實際成果管理盈虧，目的在於確切達成主計畫。因此，在訂定每月的預定計畫時，一定要以「銷貨（生產）」、「成本」、「銷貨（收益）結算額」、「單位時間利潤」等主要核算項目，確認至上個月為止的累計數字，與本月預計數字相加後的合計值，是否已經照著主計畫的進度在走。如果進度有所延遲，就必須了解在數字上還差多少，並且採取具體的追趕行動，才能追上進度。

累計數字由全體成員認可

各阿米巴一面要逐一詳細檢討市場動向、生產計畫、成本項目等等，一面也要在利潤表上記載、訂定預計目標。預計目標的數字，要依照班、組、課、部、事業部的順序逐步匯整，由下而上累計。全公司的預計數字，是公司最小單位阿米巴累計而來的總值，所有數字都要有一定的根據才行。

在阿米巴之中，一定會有一些預計數字比主計畫要少。如此一來，累計起來的預計數字，相對於事業部的主計畫，以及相對於公司整體的主計畫，會變得不足。此時，事業部長應確實分析各阿米巴的預計數字，重新審視事業部整體的預計數字。

一方面要確認各阿米巴的狀況，一方面也要指導無法達成主計畫的阿米巴修改計畫，要他們窮究所有可能性，務必達成。此外，如果事業部整體難以達成主計畫，對於順利達成主計畫的阿米巴，也要針對有沒有可能超過預計數字做成結論。

像這樣，事業部長不光是匯集各阿米巴的預計數字而已，也必須以承擔事業責任的領導者身分，把「務求達成主計畫、挑戰更高遠目標」的精神滲透到組織內，持續提高事業部的士氣。

在阿米巴內部共享目標

確認預定計畫後，阿米巴領導者必須將內容傳達給成員，使大家徹底了解目標。

為使大家徹底了解目標，目標必須成為成員自己的目標才行。共享目標必須做到這樣的地步：無論找任何成員來問，都能馬上講出當月在接單、生產、銷貨、單位時間利潤等方面的本月預計數字。另外，重要的是，用於達成預定計畫的具體行動方案，必須拆解到成員個人的層次，讓他們實際感受到，每個人達成自己的目標，將可促成部門達成預計目標。

只要全體成員像這樣朝著共同的目標拚命努力來達成，大家將可在達成後彼此分享那股喜悅。京瓷自創業以來就有一個傳統，會為這樣的場合舉辦聯歡會，讚揚大家奮勇拚戰的精神，也讓大家分享達成目標的喜悅。這樣的做法，可以帶來「下個月也要努力」的活力，使全體成員湧起一股「要向更高遠目標挑戰」的心情。這樣的活動如持續進行，將可產生朝向實現主計畫的龐大能量。

由全體成員掌握每天的進展狀況

每天的接單、生產、銷貨、成本、時間等主要實際數字，隔天會以日報的形式提供給各阿米巴（目前因為有公司內網路，可以在電腦上看到）。藉此，阿米巴領導者可確切預計目標的進度，每天早上在辦公室朝會等場合告知成員。還有，在全員朝會時，也會向大家大聲報出各部門到前一天為止的成果數字，讓全體員工了解接單狀況與實際生產成果等等。

像這樣每天確認實際數字後，每位員工就能實際感受到自己目前所做的工作，如何與實際數字連結在一起。即便成果目前跟不上預定目標，全體成員應該也會研擬補救的方法、迅速擬定對策。藉此，阿米巴全體成員的力量可以朝一個目標集結，促使團體達成目標。

帶著完成預定目標的強烈意志執行

領導者必須要有「擬定的預定目標，說什麼都要達成」的強烈意志。身為部門經營者，要每天察看實際成果，如果有什麼問題，要立刻採取對策。重要的是，領導者要以「說什麼都要達成預定目標」的強烈意志鼓勵部屬，全體團結一致，一直努力到月底最後一天的結帳時間為止。

從公司整體的角度來看，阿米巴傾全力朝達成目標努力到最後，所造成的差異或許只有一點點而已。但如果所有阿米巴每個月都朝著達成預定目標而努力，最後就能在實際成果上累積出很大的差異。而且，不斷追求百分之百達成預定目標，一定也會使全體員工的意識漸漸高漲。意識的高漲，會成為拓展公司業績的原動力。

領導者的強烈意志與阿米巴全體成員的努力所累積出來的結果，呈現在每個月的盈虧狀況上，因此，為什麼會發生「上個月盈虧大幅惡化，沒有利潤」

之類的事，是因為領導者採取沒有利潤的經營方式所致。每月的預定目標應該要在領導者的強烈意志與努力下百分之百達成，不容許隨便找藉口搪塞。

此外，在一個月結束時，重要的是，領導者應該好好反省「為求達成預定目標，我們採取了什麼方法？」「這方法適切嗎？」「所實施的對策是否照著規畫進行？」等問題，從中找出具體的經營課題，確切地連結到改善下個月的經營之上。

如果每個月都重複這樣的流程，除了可謀求阿米巴的利潤提升，也可以讓成員的管理參與意識漸漸增加。在這樣的努力累積之下，領導者的經營思維會提升，成長為出色的經營者。在阿米巴經營中，這是培育領導者時的一大重點。

2 支撐阿米巴經營的經營哲學

阿米巴經營中，各阿米巴為提升「單位時間利潤」，每天都在努力，至於方法，可分為「增加銷貨（總生產）」、「降低成本」、「縮短工時」三種。要提高銷貨（總生產），只要多拿一些訂單就行了；要降低成本，只要去除無謂的花費就行了；要縮短工時，只要提升作業效率就行了。

領導者固然會在經營中實踐這些方法，但要求取利潤的增加，仍有幾個不可忽略的重點要注意，在此挑選其中尤為重要的項目進一步說明。

價格的決定是一種經營

阿米巴的收入來源是對客戶的銷貨金額。因此，只要是接單生產，來自客戶的接單金額多寡，就會對製造、業務部門的各阿米巴的盈虧帶來很大的影響，而大幅左右接單金額的關鍵，在於產品的「價格決定」。

京瓷在創業的時候，只生產弱電用的高周波絕緣材料，也就是陶瓷零件，對於單靠這項產品經營公司，我感到很不安，因此去找需要絕緣材料的真空管或映像管製造商接洽訂單，詢問：「有沒有什麼工作可以給我們。」

由於在我們之前成立的陶瓷製造商，已經拿走大客戶了，每次，京瓷的業務人員去拜訪那些剛成立的小企業，得到的回答經常是，「你們如果便宜，我就買。」提供估價單後，對方會說「別的公司報的價比你們便宜百分之十五」之類的話，於是業務人員趕忙重新製作估價單，再送去給客戶。結果客戶都會馬上以討價還價的方式，把我們放在天秤上和其他人比較。

如果業務人員就這樣以少了百分之十五的價格拿回訂單，製造部門就必須刪減百分之十五以上的成本，被迫吃下這種苦頭。因此，我對業務人員講了這樣的話：

「隨隨便便就降價，只讓製造部門被迫吃苦，不是很奇怪嗎？降價的話，訂單固然可以要多少有多少，但身為業務人員，這絕非值得稱讚的事。業務人員的使命在於，找出讓客戶開開心心在『這樣的價格可以接受』的心情下，購買我們產品的最高價格。低於這個價格的話，再多訂單都拿得到；高於這個價格的話，就會接不到單，必須要掌握介於成交定價邊緣的那一點才行。」

如果售價太過便宜，再怎麼刪減成本，也無法增加利潤；如果售價太過昂貴，會有滯銷以及庫存堆積如山的問題。因此，領導者應該徹底察看業務人員收集而來的資訊、確切掌握市場與競爭對手的動向，對於自己產品的價值有正確的認識後，再決定價格。價格的決定是攸關經營生死的問題，領導者必須集中所有心力在訂定價格上。

使價格的決定與成本的刪減互有連動

無論接單生產或庫存銷售，只要商品的價格競爭激烈，有時候客戶所希望的價格，怎麼算就是會不敷成本。即便如此，為長期拓展事業，有時候必須在當下無法充分獲利的狀況下，或是在低於成本的價格下，依然接受訂單。在這種狀況下，除了決定價格，也要同時思考，如何才能降低成本、使這筆交易划算。

例如，可研擬便宜調度資材的方法，像是能否以半價購買所使用的零件與材料。如果這一點做不到，就修改設計，變更為能獲利的設計。為使公司能在市場決定的售價下收支相抵，不但要力求降低零件與材料的成本，連設計或製造方法也要花心思修改。

也就是說，領導者在決定價格的瞬間，也必須先連動地想好刪減成本的方法，而且必須馬上指示製造部門徹底刪減成本，告訴他們怎麼去做。

因應市場變化，少不了領導者的使命感

京瓷的資訊通訊設備部門，前身是一個叫「Systek」的公司；過去，該公司陷入了經營危機，來請我們協助拯救。

Systek是一家生產電子計算機與收銀機的公司；當時，以美國市場為中心，電子計算機正急速普及各地。執全美國電子產品進口市場之牛耳的曼哈頓進口業者，以「如果能幫我們生產這種功能的電子計算機，我們就訂一百萬台」之類的說法，來找日本的製造商談生意。日本的製造商聽了他的話而不斷

接單、擴大工廠、增加員工，準備好了增產體制。Systek當時就是一家乘著電子計算機市場擴大的浪潮而急速成長的企業。

然而，美國市場進入飽和狀態、競爭白熱化後，事情就完全變了。美國的進口業者變成一再要求電子計算機製造商降價。日本製造商好不容易才準備好增產體制，訂單卻突然沒了，十分焦急。美國的進口業者預料到了這一點，敦促日本製造商降價。

過去，Systek的社長會為了因應降價要求，自己直接找資材業者談判，確保降價仍能獲利。然而，公司規模變大、工作變忙後，不知不覺他已經完全把降低成本的工作都交給部下處理了。

由於同樣還是要因應降價要求，製造部門的主管代替社長要求資材業者降價，但資材業者因為自己一直都在降價，沒那麼容易就答應，而且，製造部門的主管也沒有在「說什麼都要用這個價格進料」的強烈使命感下，與資材業者進行艱難的交涉。結果，盈虧狀況逐漸惡化。

但因為已增加員工，工廠也已經擴大，無法讓工廠的人遊手好閒。明知硬撐，社長還是只能答應進一步的降價要求。就這樣，Systek的虧損愈來愈嚴重，最後終於經營不下去了。

這個例子告訴我們，即便經營高層做出要降價的決斷，如果公司內部缺乏擁有堅強的意志、務求在那個價位下獲利的領導者，公司會營運不下去。確立再好的經營管理制度、再怎麼正確地掌握了實際經營狀況，最後還是得靠「人」來因應市價的下跌。在這樣的狀況中，是否存在擁有強烈使命感，力求「即使大幅降價，也要設法獲利」的領導者，將是決定公司命運的分水嶺。

要以未來進行式看待能力

京瓷在創業時，是以接單生產為基本型態，也就是接到客戶的訂單後才開始生產作業。如果無法確保必要的訂單，製造第一線馬上會沒東西可生產，生計將會沒有著落。因此，我在經營時，一向都會在腦中記住，至今共有多少訂單餘額，以及這個月能夠生產多少金額的產品。

由於一心希望能設法增加訂單，我前往客戶處推銷。結果，大型電機製造商的研究人員，向我們下單訂製在技術上很困難的產品。已經有那麼多先行成立的大型陶瓷製造商，現在卻有個剛創業不久、沒沒無名的小企業前去推銷，因此對方能給我們的，自然都是大型陶瓷製造商所推掉的那些訂單。

不過，難歸難，如果我們不接，公司將無法經營下去。說什麼都希望接到訂單的我，即便知道當下的技術生產不出來，一樣告訴對方「做得出來」，把訂單接下來。回公司後，我告訴技術人員，「這樣產品以我們目前的技術來說還很困難，但如果這樣做應該做得出來。你們趕快實驗看看吧。」在技術人員中，聽到我講的話，一定會有人說「這根本不可能啊」，也曾經發生過大家因此失去幹勁的情形。

這種時候，我會這麼說服他們：「我非常明白，以目前的能力來說相當困難。但是如果到交期為止反覆嘗試錯誤，我們的能力一定能夠進步的才是。如果謊稱自己做得出來而接下來的訂單，能夠在不想說謊的信念下拚命努力完成，它就不是謊言了。你們要在交期之前拚命努力、把產品做出來。」

能夠以「未來進行式」的角度看待能力的人，將可把困難的工作導向成功。只要抱持著「說什麼都要實現夢想」的強烈信念、真摯地持續不斷努力，一定能夠提升能力，也能夠開拓出一條道路。

這一點，對每個阿米巴的經營而言，也是相同。領導者必須經常審視，究竟還有多少訂單餘額，可以做為今後的銷貨、生產或利潤之基礎，採取能確保接下來工作的策略。要想增加訂單，就要自己積極行動，即便是目前在技術上難以做到的產品，或是以現在的生產方式無法獲利的產品，只要能以未來進行式的角度看待自己的能力，大家拚命努力完成、降低成本，阿米巴的成果就能大幅提升。

永續經營事業

在單位時間核算制度中，很容易會去注重代表盈虧狀況的指標「單位時間利潤」，但經營這件事卻不是只要「單位時間利潤」好，就能夠順利。

例如，去看製造部門阿米巴的利潤表，有時候雖然「單位時間利潤」增加了，但是從某個月開始，銷貨結算額除以總生產求得的銷貨結算額比例，卻變得極低。

在製造部門的阿米巴將大部分流程委託給公司外部處理的時候，經常會發生這樣的狀況。外包出去的部分，會讓外包加工費增加、銷售結算額減少；由於員工勞動時間大幅減少，導致「單位時間利潤」增加。

此時，如果光看「單位時間利潤」，這會是一個優秀的阿米巴，但這並非實際經營狀況。「單位時間利潤」再怎麼好，如果代表附加價值的銷售結算額的絕對金額減少了，對公司的貢獻就變少了。銷售結算額相對於總生產的比例很小，代表著透過事業創造附加價值的力量很微弱，也表示雇用員工的能力很低。

因此，如果從未來要維護員工雇用的觀點來考量，就必須讓領導者謹記，不但要提高「單位時間利潤」，也必須提高銷貨結算額占總生產的比例。不能只看單位時間利潤這個指標經營公司，也必須從銷售結算額比例等各種觀點，正確分析自己部門的實際經營狀況。

在創業沒多久時，我也曾經想過，如果能以人數極少的智慧團隊創辦公司，以團隊的智慧與技術為基礎企畫產品，再委託其他公司生產、拿來銷售的話，應該能夠賺大錢。實際上真的有這樣的公司存在：雖然自己是製造商，但專注於技術開發與產品開發、設計、銷售等層面，製造本身則交由電子專業代工業者EMS（Electronics Manufacturing Service）等承包商處理。

然而，這樣即便能有一時的成功，由於公司內部依然未能累積相當於製造業核心的製造技術，因此一發生品質問題，就很難長期維持成功。要想讓事業長久持續、長期穩定雇用員工，我認為還是得在公司內部打造能創造附加價值的製造環境，流著汗水奮力於製造之上。

在阿米巴經營中也是，藉由增加外包、減少自己部門的員工人數，固然可以讓「單位時間利潤」變好，但這並不是讓事業永續發展的長久之計。所謂的經營，應該從長期的觀點來進行，以製造業來說，就是在公司內部累積重要技術、投入創意心思、提高附加價值。

在製造業的阿米巴經營中，為了在公司內部累積成為製造基礎的所有技術，應該盡可能不採外包方式，而要在公司內部打造高附加價值的一貫性生產線。

業務與製造要一起發展

各阿米巴為提升自己的利潤，業務與製造部門必須盡可能交換資訊、力求活潑地彼此溝通。由於業務與製造部門自負盈虧，有時候會出現主張自己的立場、相互爭執的情形。然而，業務與製造部門同屬一家公司，不能只是一個成功、一個失敗，而非得雙方都成功才行。

業務與製造部門也是在同一家公司裡搭乘同一艘船的命運共同體，因此只能通力合作、共同發展，如果無法彼此合作提供產品與服務給客戶，客戶將無法獲得全面的滿足。

為此，業務部門應該把正確的市場資訊傳遞給製造部門，像是其他競爭業者的動向、客戶所要求的產品、該產品有什麼用途，以及有什麼樣的社會意義等等。製造部門除了要向業務部門確認市場動向與接單狀況等之外，也應該和其他競爭業者比較自己的技術水準，把「我們有心在具競爭力的價格下，把魅力十足的產品推到市場中」的訊息，傳達給業務部門知道。

如果這樣的合作能夠自主而密集地發生，業務與製造部門的利潤應該都能提升，促成公司整體的發展。製造與業務部門應該一面相互切磋琢磨，一面帶著體貼的心協助對方。

經常從事創造性的工作

在職場中拚命做好上頭交辦的工作，是很重要的事。但在重視自主性的阿米巴經營中，光是這樣仍不足夠。在每天的工作中，應該經常思考「一直以來的做法，適切嗎？」不斷尋求更好的做事方法。對於交辦的工作，要持續改善與改良，今天要比昨天好，明天要比今天好，這是阿米巴經營的基本事項。

京瓷的產品開發史，就訴說著這樣的故事。創業時，我們生產映像管的絕緣材料「U字型絕緣材料」，專門供應給松下電子工業。其後，由於我們也希望向東芝或日立等其他製造商銷售目前生產的絕緣零件，因此不斷開發新客戶。此外，由於映像管是真空管的一種，我們覺得自己的產品應該也能夠當成使用在真空管上的特殊絕緣材料，因此開發了新產品。

過了一陣子，我們又覺得，能夠活用精密陶瓷的，並不局限於電子領域，又開拓了工業機器用零件市場。不久，在開拓美國市場時，客戶又要我們以陶瓷生產電晶體針腳。不久，電晶體換成了ＩＣ，那時候，京瓷已開發出ＩＣ陶瓷封裝設備了。

其後，在一九八〇年左右，京瓷曾經救過原本生產無線通訊設備的Cybernet Electronics公司，因此不光是工廠，包括技術人員在內，都由京瓷承接過來。其後，我創辦第二電電（現ＫＤＤＩ公司）、展開手機事業後，京瓷開始開發手機終端產品，與來自Cybernet Electronics的技術人員一起開發出一支又一支的手機。現在，不光手機終端，我們也生產ＰＨＳ終端甚至於基地台，這些都成長為敝公司重要的事業支柱。

同樣的，在印表機事業方面，我們也是從小事業開始，開發出使用非晶矽滾筒的獨創產品、ＥＣＯＳＹＳ系列印表機。現在，我們正努力把它與京瓷美達的影印機技術相融合，讓事業開枝散葉到全球各地。

這樣的技術變遷，我們並不是一開始就預見。我們只是不滿足於現狀，不斷投注創意心思於新市場的開拓與新產品的開發等各種事情上，果敢地去挑戰，結果塑造出今天的京瓷。

每個人對於跳進超出自己專業技術範圍的領域，都會感到猶豫。但如果老是封閉在自己的殼裡，會變成一直經營既有事業，一直到變成像化石一樣，完全無法期待技術會有進步。如果能有強烈的意志，希望能經常創造新事物，即便專業知識不足，應該還是會透過找該領域的專家商量，或是起用具專業知識的人等方式，來拓展技術或事業的範圍。

要讓阿米巴成長，進而使公司有所發展，最基本的行動方針在於，不能老是安於現狀，而要「經常從事創造性的工作」。

訂定具體目標

在經營上，訂定具體的目標很重要。以主計畫來說，身為經營者，必須以月為單位，訂出下一期對於銷貨、總生產、成本等所有利潤表上的項目之預計目標。

在訂目標時，要先提出每個月期望的銷貨數字，像是「希望目前的銷貨數字能增加五成，發展為更大的事業」等等；而且，要自己去推算計畫中的數字，像是「要想賣這麼多，會發生這麼多成本吧；如此一來，可以賺這麼多」。

對於單位時間利潤的實際成果，經營管理部門所匯整的表單，會發放給每個阿米巴。但是在訂定主計畫等計畫時，各阿米巴的領導者，必須自行構想對於銷貨、成本、單位時間利潤等項目的期望數字、自行製作單位時間利潤表。

表中所列的目標數字，是領導者希望做到的目標，領導者必須對此抱著「務必達成」的強烈意志。例如，如果訂單不足以達到本月預計的總生產，即便是製造單位的領導者，也必須有強烈的意志採取為達成每月目標的具體對策才行，像是跟隨業務單位前去接單等等。

此外，如前所述，目標如果未與成員共享，將不可能達成。重要的是，透過會議或聯歡會，明確告知成員他們應該扮演的角色，以及行動的目標，像是

「今年，我希望能夠這樣經營。銷貨的部分我希望能成長為這樣；成本與時間應該會花費這樣吧；單位時間利潤與獲利率我希望能成長到這樣，因此我們必須增加這麼多訂單。不過我會和業務單位一起拜訪客戶，努力增加訂單，你們就幫我守著工廠。」

阿米巴的領導者必須像這樣，以單位時間利潤表的形式，呈現出一年內希望達成的每月目標，甚至必須構思出能夠實現銷貨、成本等所有目標的具體行動，然後與成員一起果敢地行動。

讓每一個阿米巴變強

在阿米巴經營中，是把公司的組織分割為多個阿米巴做為營運單位，再委由領導者經營。所有阿米巴領導者，都有責任好好經營自己接辦的事業、執行自己制定的計畫。尤其是統整多個阿米巴的事業部長，除了要讓所有阿米巴實現計畫外，還必須提升利潤。

因此，在京瓷內部，並沒有「這個阿米巴少賺，另一個阿米巴多賺就沒關係」的想法。例如，就算因為新產品或新技術而改變了產品的製造方式，事業部長當然還是要設法降低流程整體的成本；但在那之前，一樣必須要求各流程的阿米巴提升利潤。就算因為在某項流程中導入新技術，而使製造部門整體的利潤提升，還是不能容許該流程的利潤有變差的情形。因為，如果事業部長是用那樣的想法經營，將會產生鬆懈的心理，而對事業部整體的盈虧也造成不好的影響。之所以這麼說，原因在於阿米巴經營是建立在「只要各部門為提升經營成果而拚命努力，公司整體的經營狀況也會跟著提升」的想法上。

因此，帶領各部門的領導者對於來自其他部門的無理要求，如果唯唯諾諾地妥協，是不行的。就算他是事業部長，如果他的要求沒道理，而你的氣勢沒有強烈到幾乎要和他吵起來的地步，經營將無以為繼。重要的是，一方面要考量到公司整體的狀況，一方面彼此也要為守護自己的組織而拚命努力。

保有「為了公司整體」的意識

實踐阿米巴經營後，領導者為了維護自己負責的事業，或是為了持續發展事業，會發生希望把優秀人才留在自己部門的情形。以領導者的角度來看，自己單位好不容易才培育出來的優秀部下，就算公司說「請讓他到別的部門去」，領導者或許也無法輕易接受。然而，如果他拒絕釋出人才，公司的人才配置將無法適才適所，公司整體的進步發展也會受到阻礙。因此，領導者應該從公司整體的高度捨棄自我，看成是「讓優秀的人才在超越組織框架的狀況下活躍，會對公司的發展更有幫助」。

還有，在阿米巴間決定社內買賣價格時，首先應該要有「如果為了公司整體，怎麼做才對」的想法。例如，有時候會有強勢而講話大聲的阿米巴領導者流於自我主張，而訂出了不公平的價格。我只要看到這樣的狀況，總是會罵他：「喂！為什麼只顧自己好，不管對方死活呢？這麼利己的思考方式，不配當個領導者。」

如這些例子所顯示的，每個阿米巴的成功與全體的繁榮，不能互相矛盾。如果只有一個部門順利，公司整體的狀況卻變差，就完全失去意義了。阿米巴的領導者固然必須要有維護自己部門、使之不斷發展的強烈使命感，也同時必須在所有的判斷背後，都抱著「為了公司整體著想，應該要怎樣才對」的意識才行。

公司裡一旦出現自我本位的領導者，全公司將會很困擾。我舉個例子，以前我們在美國起用當地業務員、展開業務時，就發生過如下的事情：如前所述，由於當地的業務員連做不到的訂單都答應對方而接了單，因此有時候會發生無法在約定的期限交貨之類的問題。由於要請客戶等待，業務單位多次前去道歉。但美國的業務員中，有人為了不因此而失去自己的立場，竟然跑到客戶那裡，滿不在乎地說出「我們公司的製造單位真是亂來」之類的話。

那時，我告訴他：「你講的或許是事實，但如果日本的製造單位無法信賴，公司整體的信用不就掃地了嗎？自己固然重要，但如果公司的事業沒了，大家都沒有好處。」由於實際發生過這樣的例子，我一直會對業務與製造單位強調：「希望你們經常都能意識到自己是公司整體的一員。」

領導者身為在同一家公司工作的同志，必須站在公司整體的角度，以「人應為的正道」做為判斷基準。維護自己的阿米巴、使之發展固然是前提，但與此同時，如果缺乏「公司整體優先」的利他心態，將無法讓阿米巴經營成功。

領導者要站在最前線，不把一切全部交給第一線

最後，要談談阿米巴經營中決不能陷入的狀況。

一旦位階較自己低的領導者漸漸成長，組織中位階較高的領導者，有時候會把阿米巴的經營都交給自己培育出來的領導者，自己只負責起頭而已。阿米巴經營是一套領導者自不在話下，每個員工也都要自主性達成自己目標的制度；短期來說，即便居上位者稍微鬆懈一下，只要末端的組織確實運作，有時候還是能夠勉強經營。可是，這麼做的話，公司的發展將無以為繼。

社長時代的我，在業務、開發、製造等方面，只要一有問題，都會自己在前面指揮，在客戶與第一線之間奔走。一有閒暇，我會到第一線去看看、造訪有問題的部門，傾全力解決問題。雖然我把經營交給每個領導者，但我不是什麼都丟給他們，我一樣熟知每個阿米巴存在的問題，一面到第一線去協助解決，一面也鼓勵大家。

此外，我身為經營者，所做的事比經營者應該有的還要多：我經常會思考未來要如何拓展公司，以及應該發展的方向，或是做出攸關公司整體的重大決斷等等。

看到經營者為了大家而負起重責大任的背影後，員工也會為了公司而拚命履行自己的責任。在阿米巴經營中，愈是像事業部長這種責任重大的領導者，愈應該站在最前面，比別人多努力一倍。

3 培育領導者

提高經營者意識的終極機制

京瓷之所以成長至今的關鍵因素之一，固然在於擁有阿米巴經營這種出色的經營管理制度，但如同本書前言所述，這套制度必須先有以人心為基礎的企業文化，才能發揮功能。即便它是再怎麼合理的經營管理制度，如果應該活用它的領導者與成員缺乏幹勁，仍無法實現目標，公司並不會因為我們有出色的盈虧制度，第一線的利潤就會因而增加。必須要第一線的成員覺得「說什麼都要增加利潤」，才能在自己的意志下挑戰高遠的目標、逐步提升利潤。

要想統整阿米巴組織成為一個生命體，該團體領導者的想法與行動，極其重要。首先，領導者必須要想像、描繪出夢想才行，像是「希望把自己的組織打造成這麼出色的部門」。先抱著把自己的組織打造為理想部門的強烈願望、再為了實現願望把自己的所有精力都投注在團體上，這是很重要的。

沒有一家公司會在一開始就集合了夠多具有這種資質的領導者。但即使是資質尚不齊備的人才，只要拔擢他為領導者、把部門交給他管，不久他會產生責任感和使命感。藉由不斷累積各式各樣的經驗，像是為帶領自己的部門朝目標邁進，而必須激發成員們的幹勁等等，領導者掌握人心與管理盈虧等能力會提升，個人也會逐漸成長。

與此同時，組織的成員在與領導者一起達成自己目標的過程中，經營者意識也會逐漸增強。阿米巴經營就是像這樣培育領導者、提高全體員工經營者意識的一種終極教育制度。

利用會議中的發言糾正觀念

培育領導者時，很重要的一點在於，以經營高層為首的經營幹部，對於各部門的經營，要給予適切的指導與評鑑。

我個人一向會活用會議做為進行這種教育的現成場所。在幹部會議等經營會議中，我們會根據單位時間利潤表，向各部門的領導者發表上個月的實際成果，以及這個月的預計成果。我對於人才的培育，一向都是透過此時發表的內容與討論，嚴格指導領導者的想法與對工作的態度。

例如，有一次，對於一位在會議中報告完事項的製造負責人，某個業務員問他：「那件產品何時能夠完成？」而那位製造負責人的回答是，「目標是在幾天內完成。」那時，我給了他這樣的指導：「為什麼不回答『幾天之前完成』呢？你回答『目標是在幾天內完成』，等於是在為做不到打預防針。這種逃避的心態，不可能遵守交期。如果做事時沒有說什麼都要做到的決心，什麼都做不好。給這種回答的你，自己的想法要先改一改。」

我認為，所謂的言語是一種「言語的神靈」，它是說話者自己的「心」與「靈魂」之表徵。尤其是領導者的發言，會對部門成員帶來莫大的影響。正因為如此，我才會花費許多時間，在領導者們的發言中，導正他們的想法與心態。

在會議中，經營幹部除了要正確掌握各部門狀況、討論今後應如何發展事業外，重要的是，也要同時指導與教育領導者的想法。

制定高遠目標、全力過每一天

企業這種東西，如果訂的目標很低，只能得到不多的成果。要想大幅拓展業績，說什麼都必須訂定高遠的目標。

從京瓷還是小型企業時開始，我就不斷向工作夥伴訴說我的遠大夢想：「現在，我要讓京瓷成為原町這裡第一名的公司。成為原町第一名的公司後，要讓它成為西之京第一名的公司。接著再讓它成為中京區第一、京都第一吧。成為京都第一後，再讓它成為日本第一，然後是世界第一。」在那時，這樣的夢想是遠遠偏離現實的遠大夢想；即便如此，我還是一有機會就不斷告訴大家「總有一天會成為世界第一」。結果，大家都因而傾全力朝高遠的目標邁進。

相對的，對於主計畫或每月預定計畫這些具體的短期目標，我一直都是拚命努力去達成。我經常會告訴大家：「全力過完今天後，就逐漸看得到明天了。這個月拚命投入工作後，就逐漸看得到下個月了。今年竭盡全力去過的話，就逐漸看得到明年了。每天都盡全力去過，是很重要的。」所謂偉大的事業，只有一種方式能夠達成，就是一方面有著高遠的目標，一方面又盡全力做好每一天。之所以能把京瓷打造成今天的全球企業，正是我們訂定高遠的目標，孜孜不倦累積努力下的結果。

在從事阿米巴經營時也一樣，重要的是，領導者應該訂定高遠的目標，然後為了實現該目標而每天拚命努力。領導者應該追求各種可能性，在不斷進行詳細的模擬後，盡可能訂定高遠的目標，然後傾全力去達成。這樣的話，各阿米巴都可以集中力量於高遠的目標上，公司整體的業績也會確切向上提升。

在達成每月預定計畫或主計畫等目標時，會發生各種問題或課題。領導者必須以不認輸的堅強意志與不輸人的努力，克服這些困難。反覆接受這樣的試鍊後，領導者自然而然會養成適於擔任經營者的能力與想法。

為求朝著高遠的目標把團體導向正途，領導者必須經常思考該如何行動、如何判斷，並且維持應有的正確姿態。反覆經歷這樣的過程後，領導者將可成為一個成長得更好的人，也會得到來自成員的信賴與尊敬。

共享事業意義與判斷標準

公司光是製造部門，就有各式各樣的阿米巴在活動。其中，有的阿米巴經手的是人氣產品，也有很好的業績；但有的阿米巴則是長年持續守護著既有商品，目前正打算展開新事業。雖然不同阿米巴所處的環境各有不同，無論是什麼樣的阿米巴，要想拓展自己部門的事業，都必須先弄清楚該事業的目標與意義。

對領導者自己來說，也是如此。為使團體齊一心志朝事業邁進，說什麼都需要一個從事該事業的正當理由：該事業對於社會帶有什麼樣的意義，可以帶來什麼樣的貢獻。

如前所述，敝公司的經營理念是，「要在追求全體員工物質與心靈雙方面幸福的同時，對人類與社會的進步發展有貢獻」。所謂的「全體員工」，不光是員工而已，身為經營者的我，也是其中一人。要追求包括經營團隊與員工在內，公司上下所有人的幸福。而且，還要透過技術與事業，對人類社會的進步發展有所貢獻，因此又加上了「對人類與社會的進步發展有貢獻」。

在我創辦京瓷時，全無擔任經營者經驗的我所訂的這種經營理念，固然非常基本，但我還是把這樣的經營目的公開，讓大家知道公司是我為了讓前來公司的每個人都幸福而創辦的，以及我們同時希望透過事業對人類社會的進步發展有貢獻。公司的目的，必須要合乎這樣的正當理由，取得來自員工、客戶等所有相關人士的共鳴。

因此，經營高層必須在日常工作中就充分把「為何要做這項事業」的事業意義與目的明確化，傳達給各部門的領導者知道。此外，各單位的領導者，也必須一面把事業的意義與目標套用在自己管理的事業上，以自己的話講給成員聽，把意義滲透到他們心中。唯有如此，員工才能齊一心志，貫注精神在工作上。

還有，所謂的經營，是每天所做判斷的累積，以及每天的判斷化做實際成果所呈現出來的東西。因此，領導者尤其應該做出正確的判斷，為此也必須在日常工作中努力養成「人應為的正道」這種普遍性的哲學。

領導者一方面要自己建立正確的判斷標準，一方面也要把這樣的判斷標準與成員共享。在會議或第一線等經營的各情境中，領導者必須反覆指導與教育成員如何做出正確判斷，以及如何解決問題，藉此與成員共享經營的哲學，提高他們的經營者意識，這是最重要的。

代後記

「阿米巴經營」是唯京瓷集團才有的經營方法，我們的全體員工每天都自然而然會在工作中運用它。不過，一直以來，我們始終沒有把它背後的思想與機制正式書面化。

在我離開經營第一線的期間，編纂書籍對外傳達阿米巴經營的真髓，成了我長年的功課。於是，我利用自己忙碌行程的空檔，花了約五年的時間，集合京瓷的幹部於一堂，舉辦了「阿米巴經營講座」。這本書的骨架，就是濃縮自講座的內容。

我認為在自己的講座中，在加上京瓷高階主管與幹部的意見後，已經很有系統地編輯了阿米巴經營的思想與管理方法。或許這只是自吹自擂吧，但我認為這套阿米巴經營的管理會計制度，應該算是在會計領域開拓出了一片新天地。

阿米巴經營是我在漫長歲月中辛苦打造出來的特有經營管理方法，因此公司內部曾有一種意見，認為它是京瓷高收益經營的骨幹，不應該對外公開。不過，由於日本經濟新聞社出版局的波多野美奈子小姐熱心建議我出版，基於一種希望或多或少有助於日本經濟發展的想法，我還是決定出版。如果沒有她的熱心，這本書不會有出版的一天。此外，在編輯方面，也承蒙伊藤公一先生大力協助。對於他們兩位，我衷心感謝。

在編輯本書時，我也要感謝以下諸位的幫忙：KCCS管理顧問股份公司的代表董事社長森田直行、代表董事副社長藤井敏輝、董事松井達朗、董事原田拓郎、出版論壇部長平井正昭等等。該公司一直都在提供阿米巴經營的諮詢業務，已經有過協助許多公司提升業績的實際成果。

此外，對於本書的編輯及各種資料的製作，我要感謝以下幾位的協助：京瓷執行董事大田嘉仁、執行董事滿田正和、顧問石田秀樹、教育企畫部長高津正紀、經營管理本部企畫部長檜物省一、祕書室木谷重幸，以及京瓷美達執行董事米山誠等人。

國家圖書館出版品預行編目資料

稻盛和夫經營術／稻盛和夫作；江裕真譯
-- 初版. -- 臺北市：商周出版：城邦文化公司發行, 2010.06　面；　公分.

ISBN 978-986-6285-68-4（平裝）

1. 企業管理 2. 組織管理

494　　99006141

新商業周刊叢書　BW0359X

稻盛和夫經營術

原 著 者／稻盛和夫
譯　　者／江裕真
企畫選書／陳美靜
責任編輯／吳瑞淑、劉芸
版　　權／翁靜如
總 編 輯／陳美靜
行銷業務／莊英傑、周佑潔、王瑜
總 經 理／彭之琬

發 行 人／何飛鵬
法律顧問／元禾法律事務所 王子文律師
出　　版／商周出版
115 台北市南港區昆陽街 16 號 4 樓
電話：(02) 2500-7008　傳真：(02) 2500-7759
商周部落格：http://bwp25007008.pixnet.net/blog
E-mail：bwp.service@cite.com.tw
發　　行／英屬蓋曼群島商家庭傳媒股份有限公司　城邦分公司
115 台北市南港區昆陽街 16 號 5 樓
讀者服務專線：0800-020-299　24 小時傳真服務：02-2517-0999
讀者服務信箱 E-mail：cs@cite.com.tw
劃撥帳號：19833503　戶名：英屬蓋曼群島商家庭傳媒股份有限公司城邦分公司
訂購服務／書虫股份有限公司客服專線：(02)2500-7718；2500-7719
服務時間：週一至週五上午 09:30-12:00；下午 13:30-17:00
24 小時傳真專線：(02)2500-1990；2500-1991
劃撥帳號：19863813　戶名：書虫股份有限公司
E-mail：service@readingclub.com.tw
香港發行所／城邦（香港）出版集團有限公司
香港九龍土瓜灣土瓜灣道 86 號順聯工業大廈 6 樓 A 室
電話：+852-2508-6231　傳真：+852-2578-9337
E-mail：hkcite@biznetvigator.com
馬新發行所／城邦（馬新）出版集團
Cité (M) Sdn. Bhd.
41, Jalan Radin Anum, Bandar Baru Sri Petaling, 57000 Kuala Lumpur, Malaysia.
電話：603-90578822　傳真：603-90576622　E-mail：cite@cite.com.my

內頁＆封面設計／張瑜卿
內文排版／林燕慧
印　　刷／韋懋實業有限公司
總 經 銷／聯合發行股份有限公司
地址：新北市新店區寶橋路 235 巷 6 弄 6 號 2 樓
電話：(02)2917-8022　傳真：(02)2911-0053

■ 2010 年 6 月初版
■ 2024 年 3 月 12 日二版 3.8 刷
Printed in Taiwan

ISBN 978-986-6285-68-4

商周出版

廣	告	回	函
北區郵政管理登記證			
台北廣字第000791號			
郵資已付，免貼郵票			

104台北市民生東路二段 141 號 2 樓

英屬蓋曼群島商家庭傳媒股份有限公司

城邦分公司　收

請沿虛線對摺，謝謝！

商周出版

書號: BW0359X	書名: 稻盛和夫經營術	編碼:

請於此處用膠水黏貼

商周出版

讀者回函卡

不定期好禮相贈！
立即加入：商周出版
Facebook 粉絲團

感謝您購買我們出版的書籍！請費心填寫此回函卡，我們將不定期寄上城邦集團最新的出版訊息。

姓名：________________ 性別：☐男 ☐女

生日：西元________年________月________日

地址：________________

聯絡電話：________________ 傳真：________________

E-mail ：

學歷：☐ 1. 小學 ☐ 2. 國中 ☐ 3. 高中 ☐ 4. 大學 ☐ 5. 研究所以上

職業：☐ 1. 學生 ☐ 2. 軍公教 ☐ 3. 服務 ☐ 4. 金融 ☐ 5. 製造 ☐ 6. 資訊
☐ 7. 傳播 ☐ 8. 自由業 ☐ 9. 農漁牧 ☐ 10. 家管 ☐ 11. 退休
☐ 12. 其他________________

您從何種方式得知本書消息？
☐ 1. 書店 ☐ 2. 網路 ☐ 3. 報紙 ☐ 4. 雜誌 ☐ 5. 廣播 ☐ 6. 電視
☐ 7. 親友推薦 ☐ 8. 其他________________

您通常以何種方式購書？
☐ 1. 書店 ☐ 2. 網路 ☐ 3. 傳真訂購 ☐ 4. 郵局劃撥 ☐ 5. 其他______

您喜歡閱讀那些類別的書籍？
☐ 1. 財經商業 ☐ 2. 自然科學 ☐ 3. 歷史 ☐ 4. 法律 ☐ 5. 文學
☐ 6. 休閒旅遊 ☐ 7. 小說 ☐ 8. 人物傳記 ☐ 9. 生活、勵志 ☐ 10. 其他

對我們的建議：________________
____
____

請於此處用膠水黏貼